MARS

AND HOW TO OBSERVE IT

观测火星

Peter Grego

〔英国〕彼得·格雷戈 著

孟雨慧 译

上海三联书店

序　言

发现火星

发现火星是在 1982 年的春天——准确来说，是在 4 月 10 日晚 10 : 15。就在前一晚，一位年轻的业余天文学家愉快地观测了木星和土星一夜，并期待这之后能看到升起的亏凸月。这台 60 毫米折射望远镜带来的刺激让他高兴不已。接着，他把这台小东西转向了南方高处一颗明亮的橙色星星。这位观星新手并没有怀疑这颗琥珀色发光体的真实本质，它跟随着大狮子座的脚步，在处女座西部闪耀。

使用现有的最高倍率——高到令人眩晕的 100 倍——闪亮的橙色斑点清晰可见。与预期相反，这不是一颗恒星。有一个小小的圆盘呈现在眼前，那是一个奇妙的红色圆圈，其表面排列着一组显眼的暗色印记。这名年轻的天文学家立刻认出这就是火星，他兴奋地摸索着他的铅笔和画板，同时摆弄着自己的红色手电筒，在望远镜的目镜前紧张地盯着，尽可能多地辨别出细节，并将其记录在观察图上。

　　不得不承认，通过频繁拖动无驱动的望远镜筒，将行星保持在惠更斯目镜所提供的有限视野内，这几乎与绘制观测图本身一样有挑战性。但经验使这位年轻人具备了使用这种最不稳定的地平装置来追踪天体的必要技能。经过仔细观察，他发现火星的中心有一个宽大的 V 形印记，其两侧有不太明显的阴影向北蔓延，有一个明亮的白点位于圆盘的顶部。我对火星的第一次观测与克里斯蒂安·惠更斯在 1659 年 11 月 28 日的那次非常吻合。这是已知的第一次用望远镜观测到火星的特征。那个巨大的"V"正是这颗星球最突出的特征——大瑟提斯，而白点是它的北极冰冠。

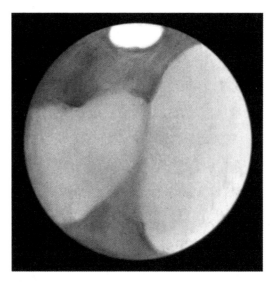

作者对火星的首次观测是在 1982 年 4 月 10 日世界时 21 : 15 进行的，大瑟提斯接近中央子午线。中央子午线 279 度，相位 30 度，倾斜度 23.3 度，相位 99%，视直径 14.7 角秒，星等 –1.3。观测笔记：这是最了不起的景象！我第一次通过望远镜看到这颗红色星球。极冠被一个昏暗的尖顶所覆盖，西边的轮廓最为明显。南边的印记似乎是一个昏暗的指状突起。

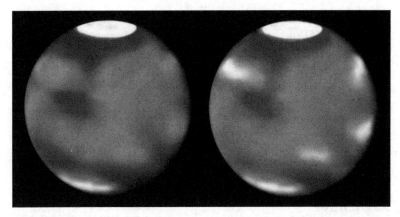

2010 年 1 月 13 日，世界时 23：30，中央子午线 171 度，相位 1 度，倾斜度 16.8 度，相位 99%，视直径 13.7 角秒，星等 –1.1。在集成光与黄、蓝光滤光镜中，巨大的北极盖很明亮，通过佛勒格拉向南延伸到昏暗且轮廓不明的卡戎岔口。在蓝光下，其他几个明亮的区域非常突出——在卡戎岔口西北的埃律西昂地区，另一处在门农尼亚地区与塞壬海接壤的地方，还有一处在靠近明暗分界线的南部塔尔西斯地区，还有一处也在明暗分界线附近，但更靠近北部，位于阿斯克劳湖附近。沿着南部边缘的厄勒克特里斯地区也很明亮。200 毫米施密特–卡塞格林望远镜，250 倍，集成光和黄色 W12 滤光镜（左）和蓝色 W80A 滤光镜（右）。

不管是谁，但凡曾将眼睛凑近望远镜，观看夜空后的天文发现都会给他们带来一种特别刺激的体验。而很少有天体能像火星这样让人叹为观止。这颗红色星球始终是个神秘的世界。数个世纪以来，它是人类无限猜测与幻想的灵感来源。

自从 1982 年我个人“发现”这颗红色星球以来，我一直热切地通过各种望远镜的目镜关注着它的每一次可见期——一共 14 次——包括 2003~2004 年那次难忘的可见期。当时火星摆动着，比过去的 5 万年里都更接近地球。每次可见期的火星都呈现出一种略微不同的状态。火星在冲日时的视角大小、它在天上的位置、它的自转轴斜度和相位都有变化。每次可见期都会展现火星表面印记与形态的实际差异，以及瞬息万变的大气现象，包括尘暴和云层。

一位著名的天文学家曾赋予了火星绝对不应该承受的名声，他如此写道："从观测层面来看，火星是太阳系中最令人失望的。"恰恰相反，火星根本就是一个耐人寻味的世界，其视觉吸引力足以令观测者渴望不已。虽然通过小型的业余望远镜可以看到它的广泛特征，但它的具体特征只呈现给那些花费时间关注它的人。

二分的世界

在许多方面，无论从字面上看还是从形象上看，火星都是一个对半开的星球。我们关于这颗行星的科学知识可以分为两大类，其分界线始于 1971 年美国国家航空航天局的"水手 9 号"对这颗行星的首次近距离拍摄。在达成这一划时代的技术成就之前，自 1636 年弗朗西斯科·丰塔纳绘制首张火星的圆盘图开始，人们只能通过望远镜观测来了解火星。

直到今天，业余观测者看到的火星仍然是昔日那些伟大的观测者——如克里斯蒂安·惠更斯、吉安·多梅尼科·卡西尼、威廉·赫歇尔、乔瓦尼·斯基亚帕雷利、爱德华·艾默生·巴纳德和欧仁·安东尼亚第等人——所观察到的。事实上，肉眼观测者仍然使用斯基亚帕雷利建立于 19 世纪末的火星命名系统。他旨在建立一种无偏见的命名法则，基于古代拉丁和地中海的地名、圣经和其他神话来源。他写道："这些名字可以被视为一种纯粹的手法……毕竟，我们以类似的方式来描述月海，其实很清楚它们并不是由液体组成的。"

然而，这种丰富的命名法当然只适用于望远镜下可见的特征，即由亮区和暗区形成的反照率特征。当火星在每次可见期呈现出最大视面积时，也就是在冲日前后，望远镜观测者看到的是一个完全被照亮的行星圆面。由于没有地貌投下的阴影，因此看不到凸起的特征。太空探测器一旦开始探索火星，它们拍摄到的图像就远不止反照率特征——旧的命名法根本无法适用于新的火星，因为有新发现的环形山、断层、山谷、丘陵、山脉和其他景观特征。

国际天文学联合会（IAU）认同了一个基于地形和地貌类型的标准命名法则，并保留了大量与旧命名法一致的内容。例如，肉眼观测者所知道的大型深 V 形特征大瑟提斯（以地中海锡得拉湾命名）最初被重新命名为大瑟提斯平原，但在发现它实际上是一座低地势的大型盾状火山后，又被重新命名为大瑟提斯高原。

肉眼观测者早就知道，火星的球体被分为南北两部分。广袤的明亮区域被微妙的阴影所束缚，分布在这颗星球的南半球，而大多数轮廓分明的黑暗特征则占据了北半球大部分地区。在空间探测器的仔细检视下，南北二分法存在于地形特征和地质学方面。火星南半球布满了数以千计的大型撞击坑，而北半球则几乎没有撞击坑。北半球许多古老的撞击坑已经完全被光滑的熔岩平原所覆盖。平均而言，南半球比北半球高 3 千米。

为了与肉眼观察者使用的经度系统保持一致，同时也为了便于参考，本书中所有的经度坐标都是以火星本初子午线以西为基准。

就人类艺术、幻想与想象而言，火星的二分反映了前太空时代的火星和我们今天所知的火星之间的对立。在过去，我们对火星上存在的情况的了解相对缺乏——它的表面与大气层性质，以及那里存在先进生命形式的可能性——这给予了作家们几乎完全的自由来创作有关火星文明的精妙小说。火星往往被认为是一颗比地球更古老的星球，有时被认为是一颗实体衰退的星球。这些文明中有些是良性的，有些则好战，意图掀起内战或是星际大战。也许对好战火星文明最著名的描述来自 H. G. 威尔斯的《星际战争》（1898 年）一书。在他的创作中，一个拥有先进技术的火星种族试图征服地球并摧毁所有人类。而在最后，这些"冷酷无情"的外星人被我们星球上低级的生命形式——细菌——打败了。经过一个奇异的历史转折，现在看来，火星上的生命（如果存在生命的话）可能是以细菌和其他简单生命的形式存在的。

猜测并不局限于小说作家。在许多天文学家的想象中，火星上很可能存在某种生命。事实上，在火星上观察到的季节性变化似乎表明了这一点。我们仍然可以观察到这些季节性变化，但我们现在知道这不是生命造成的。在最极端的情况下，天文爱好者大亨帕西瓦尔·洛厄尔如此推测：一个先进的火星文明创造了一个相互连接的巨型运河网络，以引导融化的极地水来灌溉这颗星球的干旱平原。洛厄尔在他的著作《火星》（1895 年）、《火星及其运河》（1906 年）和《作为生命居所的火星》（1908 年）中阐述了他的理论。

尽管之后的一系列探测器——轨道飞行器、着陆器和漫游器——揭示了事实，但人类并未被吓住。太空时代的火星依然（并且正在）被作为现代小说的幻想背景，其中最引人注目的要数动作冒险电影《全面回忆》（1990 年）。影片讲述了一个现已灭绝的火星文明被发现，其技术最终被用来将这颗充满敌意的红色星球改造成一个气候舒适、可供呼吸的世界的故事。一个早已消亡的火星文明也是各种"阴谋论"的主题，它们声称太空探测器的图像显示了火星人所建造的非凡结构。其中最有名的是所谓的"火星之脸"——位于基多尼亚的一座小山，在"海盗1号"拍摄的图片中形似一张奇怪的脸。该特征的高分辨率图像推翻了之前所有认为该山不是自然形成的观点。

如何观测火星

虽然很想深入研究火星观测的丰富历史，但这套丛书旨在介绍目前对天体或已知的现象的了解，以及就如何最好地对其进行观测提供指导。我很高兴我的这一系列作品——《观测月球》和《观测水星和金星》——深受欢迎，然而一些评论者似乎忽略了这一系列最重要的一点。

在写这本书的过程中，有一个巨大的挑战，即要避免详写数百名细致的火星观测者，其中许多人是伟大的肉眼观察者，他们对天文学做出了巨大贡献。很难不提到这些观察者中的一些人，因为他们已经深深根植在火星观测的历史结构中。在全书中，我不仅要忽略对这些人物的成就和见解的提及，而且也无法介绍他们众多的观测图，哪怕我们认为这些人的工作可能与如今的视觉工作有直接关联。这是一个艰难的决定。事实上，他们的观测结果仍然为全世界的业余天文学家们津津乐道。如果要广泛提及历史上的观测结果，就需要一本更大的书，且与本系列的目的不一致。然而，读者如果有兴趣了解更多历史上的火星观测（强烈推荐），可以参考我在本书结尾处挑选的一些可供深入阅读的内容。

同样，我不得不略去许多空间探测器的复杂细节，这些探测器环绕火星运转，探测它的卫星，在火星表面软着陆，在山丘、山谷和环形山周围漫游，在各处进行成像、嗅探、抓挠、钻探和采样。然而，这本书尽可能利用了这些探测器所获得的重要数据和极具启发性的图像。此外，我还推荐了一些书籍供读者进一步阅读，我认为这些书籍能使读者了解机器人探索这颗红色星球的壮阔历史。

红色星球的启迪

考虑到这一切，本书旨在阐明火星的物理性质及其现象，同时清楚解释进行有意义观测的手段和技术。重要的是，空间探测器所揭示的火星物理细节与徘徊在望远镜目镜中的是完全不同的世界，而我试图弥合两者之间的差距。昏暗的印记挑逗着我们，引导我们去捕捉它的微妙之处。我真诚希望，这点对现有火星文献的微薄贡献能激励新一代的观测者走到目镜旁，从而获得我们所知道的最像地球的这颗行星的第一手资料。

关于观测火星，没有什么比下面这两段我最爱的关于火星的引言更鼓舞人心了。这两段恰如其分的话都写于一个多世纪前，一段出自天文学家，另一段出自作家：

> 当放大的火星呈现为一个圆碟时，这个圆面就展现出了印记，橙色的星球上散布着蓝绿色的斑块，白色的斑点高高地位于这颗星球的顶端。

——帕西瓦尔·洛厄尔

> 我仍然清楚地记得那次守夜的情景：黑暗而寂静的天文台，阴影下的提灯在地板一角投下的微弱光亮，望远镜发条的规律"嘀嗒"声，屋顶上的小缝——露出

一个引人想象的星球。现代的观测者不太可能会看到这样的火星景观，这是基于哈勃太空望远镜和帕西瓦尔·洛厄尔的观测结果而获得的图像。一个世纪以前，有些观测者坚信这颗行星真的拥有"运河"——我们现在知道，这些特征在很大程度上是虚幻的。

一道矩形的深渊，上面遍布星尘。奥格威走来走去，但只闻其声不见其人。透过望远镜，人们看到了深蓝色的夜空和在视野中游移的小行星。它看上去如此小巧，如此明亮，如此安静，横向条纹隐约可见，与完美的圆形相比，略显扁平。它虽然如此微小，却闪烁着暖融融的银光——如针尖一样大小的光！它仿佛在颤抖，但实际上这是望远镜为了让运动中的行星保持在视野中而发出的振动。

——H. G. 威尔斯（《星际战争》）

彼得·格雷戈

英国康沃尔郡圣丹尼斯

2011 年 8 月

目　录

第一章

来自太阳的第四颗石头

1.1 物理尺寸

与太阳系内的大部分行星相比，火星算是个小个子。火星的平均直径为 6792 千米，介于地球与月球之间，是太阳系内第七小的行星。其表面积为 144,789,500 平方千米——是地球表面积的 28%——大概有地球上干燥陆地的面积那么大。

图 1.1　火星与地球的比较。图片源自美国国家航空航天局 / 彼得·格雷戈。

在某些方面，火星与月球有共同点——拥有一个布满环形山的半球，而另一个半球却相对平整。火星也是太阳系中与地球最为相似的行星，它的季节和大气层，还有我们熟悉的天气现象，如沙尘暴、风暴以及各种形态的云，都与地球上的相似。在物理层面上它还存在着许多与地球的相似之处，大量证据表明火星上曾存在过河流与海洋，还有与我们星球类似的由风形成的地貌特征。或许还有低等的生命形式在火星上进化——这颗行星可能依然是生命的居所。

同地球一样，火星并非一颗完美的星球，它略微呈扁圆形，在赤道隆起，两极趋平。这实际上是所有行星都会有的形状，是由行星的绕轴旋转产生的。穿过赤道进行测量，火星的宽度为6792千米；从两极测量，则缩短了40千米，为6752千米。体积方面，火星的体积是地球的15%——约为1600亿立方千米，而地球则达到了1.1万亿立方千米——也就是说，1颗地球大小的星球中可以装入6颗火星，而且还能留有余地。

我们已经注意到，火星北半球和南半球似乎有明显的不同。而这一事实让我们明白，这颗行星的质心和它的形心之间有3千米的差距。两个半球之间边界的特点在于逐渐倾斜的宽阔平原，它们在边界上蔓延了数千千米。此外，局部地区，如横跨赤道的巨大火山塔尔西斯突出部——一块大小相当于美国大陆的隆起大陆——高出了火星平均水平面数千米。在这颗星球的另一头有一片不那么明显的突出部，即阿拉伯台地，那是一片环形山密布的区域，被认为是火星上最古老的地形之一。

1.2 质量、密度与重力

　　尽管火星的体积有地球的 15%，它的质量却只有地球质量的 10.7%。也就是说，整颗火星都是由比我们地球更轻的物质组成的。火星的平均物质密度比水的密度要高约 3.3 倍，而地球的密度则是水的密度的 5.5 倍。火星在体积更小、密度更低的情况下，其表面重力大约只有地球重力的 38%，人们在火星上会感到比在地球上轻 62%。同样一件物体，被宇航员扔掉时，掉落到火星表面上的速度会明显比掉落到地球上的速度慢。

1.3 | 轨 道

　　火星是离太阳第四近的行星，还是离太阳最远的类地行星，它的轨道完全位于地球与木星的轨道之间。火星与太阳的平均距离为 2.279 亿千米，以每秒 24 千米的速度运转着。火星每隔 1.88 年（687 个地球日）完成一次绕太阳轨道的（相对于恒星而言）运转——这也是一个火星年的时长。这颗行星的会合周期——相对于地球和太阳出现在同一位置上的时间——为 2.1 年（780 个地球日）。

　　尽管火星的轨道与黄道仅有 1.9 度的倾斜，但它依然是太阳系中最不圆的行星轨道之一。其偏心率达到 0.09，仅次于偏心率更高的水星轨道。火星轨道的近日点距离太阳 2.067 亿千米（1.38 天文单位①），远日点距离太阳 2.492 亿千米（1.67 天文单位）——其近日点到远日点的距离相差了 4250 万千米——平均轨道距离比地球的远 7830 万千米。

---

① 天文学中计量天体之间距离的一种单位。其数值取地球和太阳之间的平均距离。1 天文单位 =149,597,870 千米。

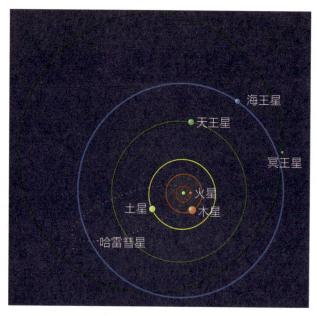

图 1.2　带外行星的轨道（按照比例排列）

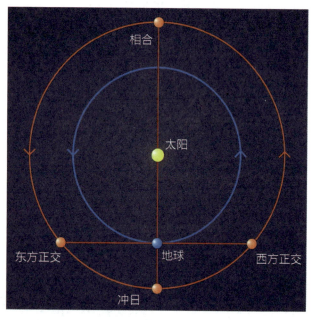

图 1.3　火星与带外行星所展示的轨道现象

1.4 自 转

火星每 24.6 小时完成一次自转，即一个火星日（sol），仅比一个地球日长 39 分 35 秒。669 个火星日构成一个火星年，火星沿轨道每环绕太阳一周都要在其轴上自转 669 次。火星的转轴倾角为 25.2 度，与地球的 23.5 度接近。虽然我们有勾陈一（Polaris，小熊座阿尔法星，星等 +1.97）作为我们熟知的北极星，在距离北天极不到 1 度的地方，但火星的天空在其北天极附近则拥有更为明亮的天津四（Deneb，天鹅座阿尔法星，星等 +1.25）。由于火星的转轴倾斜，它同地球一样，拥有季节的循环，只是季节持续的时长大约是地球的两倍。火星上，南半球春（北半球秋）持续 146 天，南半球夏（北半球冬）持续 160 天，南半球秋（北半球春）长达 199 天，南半球冬（北半球夏）则持续 182 天。

火星的斜交（其转轴倾角）在 12 万年间的周期中发生了从 15 度到 35 度的变化，这些变化是受其他行星的引力影响而产生的。目前，火星正处于一个斜交周期的中期。据推测，在几千万年的间隔中，火星的斜交范围可能在 0 度到 60 度之间，所以有时火星实际上是"侧身"绕着太阳运转的（就像目前的天王星一样）。由于月球的稳定作用，在 4.1 万年的时间里，地球的斜交只在 22.1 度和 24.5 度之间变化。

随着斜交的增加，到达火星两极地区的日照更充足，导致两极地区有更多水升华，并进入大气层。这些水蒸气在较冷的赤道地区凝结成冰或雪。在火星斜交的最高处，更多二氧化碳被融化的冰盖所释放，大气温度和压力从而增加到了一个令液态水可以存在于这个星球表面的值。有充分证据表明，火星上有这类融化和冻结的周期。

第二章

红色行星的历史

2.1 | 形　成

　　四颗主要由硅酸盐和金属组成的大型原行星——水星、金星、地球和火星——在太阳星云坍塌与原太阳形成后的大约 2 亿年间，已经成长为太阳系内部的主宰。人们认为这些原行星中没有一颗的质量大到足以吸引一个自身卫星可能已经形成的物质盘。

　　太阳系内部的原行星在自己的轨道上将一切可用的物质席卷一空，吸入灰尘和气体，并通过无数次的冲击积累了大量的物质。由于小行星的撞击、内部的压力以及元素的放射性衰变，行星内部出现高温，构成原行星的物质从而进入了熔化期。因此，熔融状态下的原行星内部发生了分化，较重的元素下沉形成富含铁的核心，而较轻的物质上升形成其地幔和地壳。

　　目前关于太阳系早期动力学的模型显示，太阳星云的初始角动量被反映在行星及其轨道的角动量中。一颗行星的旋转速率和转轴倾角会因其与太阳之间的潮汐引力相互作用而改变，也会通过小行星的重大撞击而改变。在火星历史的早期就发生过几次非常大的撞击。

　　随着太阳系早期原行星地壳的增厚与变硬，它们开始以环形山和盆地的形式将无数小行星撞击的印记保留下来。熔岩流通过地壳裂缝侵入，填满了诸多具有撞击特征的地面。除了月球与水星，火星上也可以清晰地看见小行星撞击密集时期的残留物，这种撞击被称为晚期重轰击（大约结束于38亿年前）。那些在金星和地球上的残留物早已随着广泛的火山活动和地质构造运动消失了。这些撞击物中有些来自内太阳系，但也有许多来自外太阳系，它们在与巨大的外行星发生了引力相互作用后，其方向转向了太阳。

2.2 ┃ 表面历史

　　火星在形成后，经历了晚期重轰击，冷却得相对较快。这意味着火星没有机会开始板块运动。今天的火星表面包括四种普遍类型的地势——古老的、相对完整的环形山密集地形，更年轻的火山平原，巨型火山结构与大片的沉积岩。

　　类地行星的地质学家利用地层学——研究岩层的学科，将它们置于相对历史背景中——以破译关于地壳历史的诸多内容。地层学利用叠加法则，指出较早期的岩层被较晚的岩层所覆盖。然而，透过地球地壳几乎任何部分的横断面就会发现，地层图像并不像一个简单的分层蛋糕那样简单明了。一些过程——其中主要是地壳运动、折叠、断层和侵蚀——造成了一个复杂的面貌。比如说，较早期的岩层可能受褶皱运动影响，盖在较晚的岩层上，而整个岩石沉积序列可能在记录中完全消失。除了确定地层的相对年龄，地质学家还可以通过放射性测定法来确定岩石的绝对年龄，即把岩石中天然存在的放射性同位素（以已知的速度衰变）与其衰变产物的丰富度进行比较。

　　行星地质学家在应用地层学来揭开火星地表历史时，几乎没有那么多证据作为其发现的基础——火星上没有地质学家，也没有设备齐全的实验室来分析火星岩，但是科学已经创造出一个开端。来自火星轨道上的空间探测器提供的越来越详尽的图像和数据，以及在火星表面上几个点位开展的调查，令行星地质学家能够对这个星球的历史得出许多确定性结论，此外还提供了许多引人注目的线索，主要涉及在那些点位上及火星整体背景下的系列地质活动。地形特征的叠加，如环形山、断层、谷、火成岩和沉积物，可以用来确定它们的相对年龄。

如果环形山在一颗星球的地表完好地保存下来——类似月球和火星的情况——行星地质学家就能通过对撞击坑密度进行统计来确定个别特征的相对年份，如环形山底部，以及更广泛的地理区域。正如我们所见，火星北半球的环形山要比南半球的密集得多。而且从总体看，北半球的环形山要比南半球的更大。这有力地表明，北半球的地表比南半球的地表古老得多。然而，在晚期重轰击期，南半球与北半球一样经历了程度相当的小行星轰击，但是南半球已经在各种过程，包括火山活动和水的作用下，改头换面。为了根据环形山的数量来建立一个可靠的行星表面的相对时间标尺，人们有必要对地质时期的撞击坑流量（按单位面积撞击坑大小计算的形成率）有一个良好的概念。火星上的计数是基于在月球上观察到的更为人所知的撞击坑流量，月球的表面显示了保存完好的撞击记录。

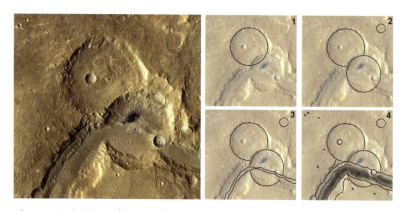

图 2.1 通过对地形特征进行叠加，确定火星特征的形成顺序，可以收集到大量的信息。例如，如这幅图所示，古谢夫撞击坑东南面的平原展示出地层叠加特征的明显顺序。最古老的明显地形特征是一个 30 千米长的撞击坑（1）；这里一部分又被另一个类似大小的撞击坑（2）覆盖；这个特征随后被一道蜿蜒的河谷切开，这是流水形成的结果（3）；随着河谷的扩大和沉积物沉淀到地底，更小的撞击散落到整个地貌周围，其中一些撞击点与谷壁重叠在一起（4）。图片源自美国国家航空航天局 / 彼得·格雷戈。

2.3 | 环形山密度时标

　　建立在火星地层学的时标表明，这颗星球曾在早期经历过一个温暖期，伴随着频繁的小行星撞击；随后就是充斥了迅速冷却、广泛火山活动与气候变化的时期，这决定了水在地壳和地表的分布方式。这颗行星的历史可以分为四个不同的时期，每个时期的命名都基于在这些时期形成的大型地表特征。

　　1. 前挪亚纪（Pre-Noachian Period，45亿至41亿年前）。这个时期的早期见证了火星南北半球分界的发展。围绕轨道展开的地形与引力研究显示，两个半球之间的地壳厚度存在着惊人的差异，北半球的高地平均厚度为32千米，南半球的高地平均厚度为58千米。人们普遍认为，火星的南北半球分界可能是由发生在北半球的一次巨大撞击产生的。撞击物的直径达到了月球的60%，形成了北极盆地。如果这个地形是由撞击产生的，那么它会是太阳系中最大的撞击盆地——长10,600千米，宽8500千米。这样一次灾难性的撞击将毁掉早期火星大气层的很大一部分。也有人认为，在几次早期的大型撞击下可能就已经产生了北极盆地，但是在北半球已发现的那些大型（大都被掩埋）撞击结构显示，其形成日期要更靠后。火星分界可能是由纯粹的内部动力过程所产生的。也就是一种特殊形式的地幔对流（称为一级对流）在南半球产生上升流，在北半球产生下降流。而传统的地幔对流模型并不支持这种分界的可能性。

　　前挪亚纪经历了晚期重轰击的小行星撞击，这场大灾难影响了内太阳系的所有类地行星，包括月球。对大约20个超1000

千米级的大型火星撞击盆地进行的陨石坑密度研究表明，它们中的大多数是在天体层面中很短的时间内产生的。其中的 18 个可能是在最初的 2 亿年内形成的，包括南半球的希腊盆地（直径 2300 千米）以及阿耳古瑞盆地和伊西斯撞击盆地（直径分别为 1800 千米和 1500 千米，分别位于南半球和北半球）。进一步的撞击、侵蚀和地表重构，导致在这一时期形成的许多特征被抹去。前挪亚纪的最后几千万年也见证了火星全球磁场的消亡。这一事件与严重的小行星轰击有关。在磁场消失之后，太阳风将剥去大气层；其在到达火星表面时不受阻碍，进一步破坏了适合生命发展的条件。

2. 挪亚纪（Noachian Period，41 亿至 37 亿年前）。火星上可见的最古老地表便是在"潮湿且温暖"的挪亚纪形成的。在这一时期，塔尔西斯突出部，一个近似圆形、有大陆板块体量的隆起在横跨火星赤道的地幔热区（以 95°W 为中心，横跨约 120° 的纬度和 80° 的经度）上形成了。巨大的希腊盆地也是在这一时期形成的。有大量证据表明，液态水在挪亚纪时期覆盖了火星表面的大片区域，形成了湖泊以及具有侵蚀特征的溢出谷河谷。在挪亚纪中期，更为温暖湿润的火星可能拥有一大片广袤的海洋地带。

挪亚纪晚期，水由于撞击与大气溅射而在火星上流失。随着地下深处的水位下降，星球的气候也发生了重大变化。局部地区的地下水上涌并蒸发——比如在子午高原和阿拉伯台地发现的干盐湖。火星轨道的周期性短期变化改变了极盖和永冻圈中的含水量，这就解释了在火星上发现的周期性沉积分层与侵蚀现象的不一致（造成沉积形成记录的差异），就像子午高原的情况。

3. 赫斯珀里亚纪（Hesperian Period，37 亿至 30 亿年前）。大

规模的熔岩在该时期喷发至火星地表，形成平原。同时太阳系中最大的盾状火山——阿尔巴山和奥林匹斯山开始形成。大气压力和温度的上升造成了灾难性的大洪水，在克律塞平原周围形成了巨大的溢流水道，在北部的低洼地形中汇成了临时的湖泊。

4. 亚马孙纪（Amazonian Period，30亿年前至今）。在这期间，火山活动日益减少，伴随着冰川活动与液态水的偶尔释放。这一时期的地貌是火星上最年轻的，以相对稀少的撞击坑数量为特征。

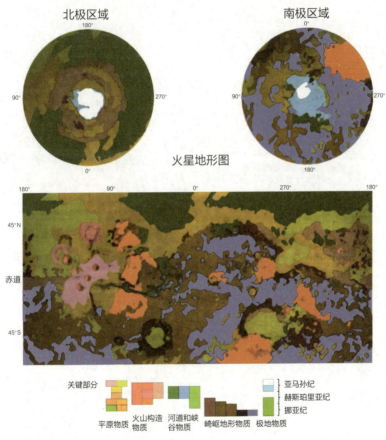

图2.2　火星地形图。图片源自美国国家航空航天局 / 美国地质勘探局 / 彼得·格雷戈。

第三章

组成与物质

火星是一颗类地行星，同地球一样，主要由硅酸盐（含有硅与氧的矿物）和由金属及其他元素组成的火成岩构成。为了确定火星的内部组成物，科学家需要数个参数的信息。这些参数包括行星的总质量、大小、惯性矩与核心质量，后者还没有得到科学上的证实。而我们确实知道，火星与地球一样，有分化的内容：中心是大密度的金属镍铁核心，被富含硅酸盐的地幔包裹，再被覆盖上一层坚固的岩石地壳。火星地幔的铁含量是地球的两倍，它还含有更大比例的钾和磷。

火星的核心质量未知，但它可能占其总质量的 6%~21%。就规模而言，由于对其质量与组成缺乏确定性，它的直径可能在 2600~4000 千米之间。但我们尚不知晓其核心是否有固体或液体成分。相比之下，地球的镍铁核心直径约为 7000 千米，既有固态的中心，又有外部的液态成分。巨大的压力造成了核心的固体中心，而外部核心的高温可能会熔化铁。如果火星的核心主要由铁组成，那么它的最大直径将达到 2600 千米左右。如果核心含有大量的硫，那么它就需要更大的直径，可能达到 4000 千米。

火星地下地壳的大部分和其表面的很大一部分由玄武岩材质构成，与构成地球洋壳和月球熔岩平原的拉斑玄武岩类似。除了硅和氧之外，火星的地壳还含有铁、镁、铝、钙和钾，以及较小比例的钛、铬、锰、硫、磷、钠和氯。挥发性元素，像硫和氯，在火星地壳中的比例要比地球的更高。

氢以水冰与水合物的形式存在于火星的地壳和风化层中——

地壳中的矿物被水改变了化学性质，形成一种新的矿物（通过氧化物转化为氢氧化物，或者是在水渗入矿物的结晶结构后产生了黏土矿物）。

碳在两极以干冰的形式存在于地表，小部分存在于火星尘埃中，以及小范围的碳酸盐岩露头中。碳酸盐只在 pH 值相对较高的水中形成，其范围从非常温和的酸性（pH 值为 5）到碱性（pH 值大于 7）。地球海水的 pH 值约为 8，而碳酸盐是通过河流和沿洋脊上的喷口进入海洋的。碳酸盐软泥（生物活动所产生的沉积物）覆盖了地球上约一半的海床。但它们只在 4500 米以上的深度被发现，因为在更大的压力下碳酸盐会溶解。常见的陆地碳酸盐的实例包括石灰岩和白垩岩。碳酸盐提供了火星表面在过去某个时期存在液态水的证据，但直到最近，行星地质学家才通过从轨道和表面进行的光谱分析成功地发现了火星碳酸盐。

2003 年在火星地表的尘埃中检测到少量的碳酸盐，特别是碳酸镁，但这种矿物广泛地分布于整个表面的尘埃中，没有显示出任何具体的来源。2008 年的轨道研究揭示了一些地区的碳酸盐岩露头。其中首个被发现的位于火星北半球尼罗堑沟群地区的 10 平方千米处，一座位于伊希斯平原西北边界的弧形断裂谷。在这里，大约 36 亿年前，火成岩（可能以岩脉的形式）似乎已经经过热液作用的改变，形成了碳酸镁岩石。这一发现也为在这一地区发现生命化石带来了新的希望，因为它证明了流经尼罗堑沟群的水不是酸性的，因此是有益于生命的存在。事实上，该地点与澳大利亚西北部的皮尔布拉露头相似，那里到今天仍有 35 亿年前的古代生物化石的证据，至今仍以被称为叠层石小型圆顶状的特征存在，它们由层层堆砌的微生物群体所组成。

2010 年，"勇气号"火星探测器在古谢夫撞击坑的哥伦比亚丘陵地带漫游时，在科曼奇和科曼奇径发现了富含铁镁碳酸盐的岩石露头。哥伦比亚丘陵代表了一座"岛屿"，其较古老的（挪亚纪时代）岩石被更晚期的（赫斯珀里亚纪时代）火山岩所包围。科曼奇的碳酸盐可能是在水热条件下，从 pH 值近中性且含有碳酸盐的水中析出的。

在火星北极的土壤表面已经发现了碳酸钙，它占土壤重量的 5%。它是通过大气中二氧化碳与碱性土壤中颗粒表面上的液态水薄膜的相互作用而形成的。

"机遇号"探测器在子午高原发现了一个区域，该区域的硫酸盐蒸发岩中含有赤铁矿的球粒。还有球粒松散地分布于表面和风化层上，它们是岩石经过喷砂侵蚀造成的。由于它们在伪彩色照片中呈现为蓝色，这些球粒被称为"蓝莓"，其来源仍然不确定。最初，人们猜测这些小球是由于火山活动或撞击产生的熔岩喷出所形成的。在这种情况下，它们可能以分层的形式来分布。然而人们发现，这些球粒是均匀而随机地分布在岩石中，这表明它们是在原来位置形成的，是在液态水环境中凝结的结果。

3.1 ┃ 变幻之风

　　火星那只消用肉眼就能轻易发现的显眼红色是火星风化层上层的氧化铁（铁锈）造成的。虽然这些散落在表面的物质常常被笼统地称为"沙子"，但其大部分实际上是更小的物质，更接近于地质学定义中的灰尘（直径在 10~50 微米之间的颗粒）。

　　早期的望远镜观测者很快就发现，这颗红色星球的南、北半球在外观上有明显区别：火星的南半球被大片昏暗的区域所覆盖，而北半球看起来则要明亮得多，只有几块偏远的零星昏暗区域。尽管人们认为这是永久性的，但那些在望远镜镜头下为人熟知的明暗特征似乎在不同的季节呈现出不同的轮廓和强度，但它们并非与火星的地形永远相一致。至于暗区，包括大瑟提斯和阿西达利亚海（在这里我使用了业余观测者喜欢的老式命名），是火星表面较暗的地带，其明显的形状和强度随季节而变化，因为风吹起的尘埃瞬间覆盖了较浅的颜色区域。这在空间探测器的图像中特别明显，细小的浅色尘埃呈现条纹状堆积，在隆起的环形山边缘背风处形成薄薄的覆盖层，显示出此地盛行风的方向。在大型火星沙尘暴期间，在低风量的影响下，土壤蠕变而形成的这种条纹出现在了环形山边缘与其他高处的表面，这就是火星上最常见的风成特征。

　　在大型沙尘暴之后经过跃移可以形成由较大沙子颗粒所组成的风成条纹。跃移是指由大风将土壤颗粒从表面吹起，并在一段距离之外的下风处重新沉积的过程。这类暗条纹的形成清晰地出现在两极夏季水冰覆盖变薄的区域，那里暴露出部分较暗的下层表面。大风搅动了暴露出来的土壤，暗物质顺风分布，形成了扇形的暗纹。暗条纹形成的另一种模式是崩塌，即较浅的表面物质从陡峭的坡面上滑下，暴露出较深的下层表面，并产生了犹如纸张撕裂般的暗条纹。随着时间的推移，人们观察到这些条纹的色调变浅，并且褪色了。暂时性的暗条纹也是因受到火星尘暴的冲刷作用而形成的。

火星上的沙丘在大小和形状上通常与地球沙漠中形成的相似。无论是在火星的裸露平原还是在众多环形山的底部，沙丘在火星上很常见。在北极周围地区可以发现大片的沙丘地带。在那里已经辨认出过众多不同类型的沙丘。沙丘在风对松散表面物质的作用下形成，它可以随着时间的推移而改变外貌。根据当地的地形，沙丘可以缓慢地在地表移动，或受制于当地的地形——被困在环形山里或是被其他障碍物所阻挡——风的强度或是方向变化也不能够改变它们。

横向沙丘——也被称为横向风成脊——有多种形式，从简单的波纹状到长而直的线型脊，与盛行风的方向成直角，在其两端分叉或与邻近的横向风成脊在低角度的 Y 形交界处相连。横向风成脊在南半球比在北半球更常见，一般出现在 $30°N \sim 30°S$ 之间的地带，在子午高原地区和南部环形山内大规模存在。在分层地形附近发现的横向风成脊有几百万年的历史，而那些与大型暗沙丘相邻的横向风成脊是较晚形成的。

大型暗沙丘是一种奇怪地貌，反照率很低（低于 0.15），外观圆润，形似蛞蝓，波长范围从几百至几千米。它们由深色的玄武岩沙子组成，颗粒比横向风成脊的更细小，是新近形成的地貌，覆盖在浅色物质的地表上。

新月形沙丘，在大小和形状上与地球上的同名沙丘类似，是流线型新月状的沙丘，拥有带弧度的双角，指向顺风。吹过新月形沙丘的沙子会落在其背风的坡面，即角之间。因此，随着时间的推移，沙丘会沿着角的方向在地貌中向顺风方向迁移。

风蚀可以形成各种地貌特征。在由柔软、易侵蚀的物质（如固化的沉积岩或火山灰）构成的地貌中，与盛行风平行的沟槽和山脊可以通过灰尘和沙子的磨损产生。大多数沟槽是对称的，具有 V 形的轮廓。当强劲的单向风冲刷由不同硬度的物质所组成的表面时，侵蚀会在较软的物质上发生得更快，随着地貌的变化和风向的引导，产生具有特色的侵蚀地貌。雅丹地貌（风蚀脊）就由较硬的材料形成——呈现为具有流线型外观的山丘和土丘。在它们的晚期形态下，风蚀脊的长度通常比其宽度要长三到四倍，与一个翻转的船舱相似，具有一个面向风的、陡峭宽阔的钝面，以及一个面向下风（相对于最初形成它们的风）的浅浅尖角。风蚀脊经常呈现出不寻常的形状，特别是风蚀作用导致湍流涡在地貌底部周围的特定地方造成了侵蚀。

3.2 河流侵蚀

　　年轻的火星由于来自行星内部的热流降低和地表条件的改变而冷却下来，行星上富含水的风化层形成了一个几千米厚的全球永冻层。结果，包含在下层多孔物质中的水被挤压到了更深处的少孔物质中。由于火星表面地平纬度的特殊变化——南半球通常更高，赤道大部分地区较低——冻土在南极地区周围的深度达 6 千米，而在赤道地区只有 2.5 千米深。

　　在火星历史上，出现过各种突破永冻层的过程，包括火成岩侵入、地壳构造和大型撞击，这些过程都会导致液态水在压力驱动下涌出地表。最引人注目的特征是溢流河谷和河谷系统——地下蓄存的冰融化，在水的侵蚀作用下形成了这些特征。当水沿着山坡流过这些地区，一路上发生着冻结与蒸发，冰块和碎片增加了洪水的侵蚀作用。虽然部分水流可能在地表冻结，但它的剩余部分继续在下层流动，类似于地球上的蛇形丘或冻河。一些溢流河道展示出支流河道系统和流线型的河底形状，如"泪滴状群岛"或台地，它们是升起的环形山山壁将洪水引向流向的背风面而形成的。

　　火星溢流河谷的大小有巨大差异。一些源自规模较大的地区，面积可达数百平方千米；而其他地区的规模较小，更像是依着地形成的。火星的大部分溢流河谷特征位于该星球赤道地区的北部低地。

　　在邻近克律塞平原的地区可以发现大量的溢流河谷源头。这片相对平坦的平原直径约 1600 千米，位于火星的赤道地区北部，在西边与卢娜高原毗邻。作为一座古老的撞击盆地，克律塞平原的地面比火星的平均表面水平低 2.5 千米。卡塞峡谷群长约 3000 千米，最宽处达 230 千米，是火星上最大的溢流通道。与其他大型溢流通道一样，它在最宽处突然开启了一个混杂的地形区域，并沿其长度方向发展出壮观的河谷地貌（蜿蜒程度尤其低），包括汇合形态（河道分裂后沿其路径进一步重新连接），随后进入最末端的盆地。在它们末端，沉积物与地球上的典型地貌特征的溢流系统（如三角洲）在火星上却是缺失的；它们似乎在地貌中消失了，这是末端盆地积水导致的结果。

火星上的大多数溢流通道形成于赫斯珀里亚纪的早期阶段。其中最年轻的溢流通道出现在数千万年前的亚马孙和埃律西昂平原地带。据估计，要形成溢流通道及其相关地貌，需要有相当于整颗星球至少 1 千米深的海水量；至于融雪水的排放速度，个别地貌在每秒 100 万至 100 亿立方米之间；后者的速度远远大于任何已知的地球洪水速度，与墨西哥湾流这样的洋流的流速相当；流速通常在每秒 40~60 米之间，但是在最重大、最具灾难性的事件中，洪水的流速可能超过每秒 100 米。

火星谷地的网络占据了星球地表的一半，主要出现在挪亚纪和赫斯珀里亚纪时代的那些遍布环形山的南部古老高地。火星谷地的走势可以是绵长蜿蜒的谷地，支流不多见，或者是枝状支流模式下较小的谷地网络。在这种情况下，如果单个通道之间的区域没有被更小的山谷切开，人们则认为它们可能是受到崖底侵蚀作用而形成的，也就是地下水像泉水一样渗出地表，并侵蚀下坡的土壤。

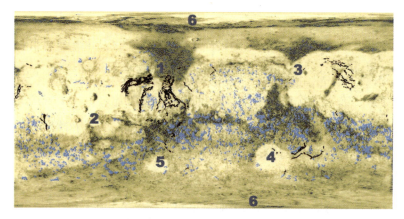

图 3.1　火星溢流通道（黑色）与谷地网络（蓝色）的全域图。1.环克律塞地区；2.塔尔西斯地区；3.乌托邦平原；4.希腊地区；5.阿耳古瑞地区；6.极地地区。图片源自美国国家航空航天局／彼得·格雷戈。

火星的溢流通道（及可能与之相关的地貌特征）：

1. **环克律塞地区**：阿瑞斯峡谷、恒河深谷、卡塞峡谷群、墨戈峡谷群、茅尔斯峡谷、拉维峡谷、沙尔巴塔纳峡谷、西穆德峡谷群、蒂乌峡谷群

2. **塔尔西斯地区**：奥林匹斯堑沟群的部分地区、与奥林匹斯山东南部相邻的山谷、众多流入亚马孙和埃律西昂平原的河道、卡希拉峡谷、阿萨巴斯卡峡谷、格廖特峡谷、马阿迪姆峡谷、曼加拉峡谷、马尔特峡谷

3. **乌托邦平原**：格拉尼卡斯峡谷群、赫拉德峡谷、廷札峡谷群、赫布罗斯峡谷群

4. **希腊地区**：达奥峡谷、哈马基斯峡谷、尼日尔峡谷

5. **阿耳古瑞地区**：乌兹博伊峡谷、拉冬峡谷群、珍珠湾与阿瑞斯峡谷群、苏里尤斯峡谷、泽盖峡谷与帕兰科帕峡谷群

6. **极地地区**：北极深谷、南极深谷

3.3 北大洋?

在火星历史早期，温度要高得多，大气层也更厚，可能有过液态水形态的海洋。这一假设的支持者推测，该星球表面的大约三分之一——包括北半球北方荒原盆地的整个低洼地区——一度被液态水所覆盖，平均深度达到了 550 米。

这些水的一部分通过升华作用在大气中流失，然后通过大气溅射进入太空（因为高层大气中的原子在被来自太空的高能粒子击中后被弹到了太空中）。其中一些水还渗入风化层和上层地壳，被吸收到火星的地下永冻层中。随着气候变冷，北大洋这个人们推测中的海洋的残余物被冻结，随后被掩埋在风吹来的沉积物、火山灰和（在较小的程度上）由撞击产生的碎片下面。据推测，北大洋的冰冻残余物位于北方荒原的平原之下。

似乎有一些证据可以证明北大洋曾经存在过——或者说，无论如何，有证据表明在火星北部存在着大片的液态水湖。从南到北进入北部平原的排水道的模式及其形态表明，长期的雨水滋养了排入低洼地区的河流。

这里的地形特征与古代沉积形成的古老海岸线和河流三角洲有着惊人的相似之处。其中一道古老的海岸线发现于沙尔巴塔纳峡谷，那里有一个 50 千米长的由水冲刷而成的峡谷，开辟出一座更宽阔的山谷，拥有山脊和谷底，表明有海滩沉积物与湖泊三角洲，湖泊面积约为210平方千米（是苏格兰尼斯湖面积的10倍），深460米。它被认为是在火星"温暖湿润"的阶段之后约3亿年的赫斯珀里亚纪形成的。随着气候的变化，它最终由于蒸发和冰冻而消失，发生速度很快，以至于其降低的海岸线几乎没有机会留下任何更加清晰的地形痕迹。

3.4 | 如今的液态水

在远离两极的地区，甚至沿着赤道的某些地区，大量的水冰存在于火星表面之下。堆积的大量尘埃将冰隐藏起来，无法直接成像，但是冰的存在已经被太空探测器证实。

来自火星勘测轨道飞行器（MRO）上的高分辨率成像科学实验设备（HiRISE）的图像揭示了在火星表面或附近存在咸水（盐水）的迹象。在火星较温暖的季节里，可以观测到成千上万条如卷须般的狭长暗条纹出现在火星部分面向赤道的陡峭斜坡上，此时的温度能上升到 27 摄氏度。观察表明，当咸水沿着狭窄陡峭的通道向山下渗出时，条纹每天可增长 20 米之多。条纹可绕过障碍物，偶尔也会分流和汇合。正如预期的那样，到了冬天，气温太低，咸水也无法液化，这时条纹就会逐渐消失或完全消失。人们认为，解冻泥浆中的咸水是出现这种现象的原因，因为它所在之处的观测条件要么太热，不可能存在二氧化碳霜，要么又因太冷而不可能存在纯液态水，但这些条件对冰点比水低的咸水来说恰好合适。耐人寻味的是，这些季节性湿润的区域可能为今天的火星微生物提供一个宜居区。这些地区周围微生物所产生的低水平异形气体（如甲烷）很可能被未来太空探测器上的敏感仪器探测到。

极地冰冠

火星上的大部分水都以冰的形式被锁在厚厚的极冠上，而在

图 3.2 火星地图显示了根据观察到的年轻撞击坑周围出现的高密度的叶状碎片围裙，推测在火星的岩浆和上层地壳中存在着大量的岩石"冰川"。这些区域似乎以 40°N 和 40°S 为中心环绕火星，加上塔尔西斯火山附近的赤道地区。关键词：1. 奥林匹斯山以北；2. 滕比；3. 阿西达利亚；4. 亚尼罗桌山群和初尼罗桌山群周围的混杂地形；5. 佛勒格拉；6. 奥林匹斯山的西侧悬崖；7. 克拉里塔斯堑沟群；8. 希腊周围；9. 阿耳戈瑞。图片源自美国国家航空航天局 / 彼得·格雷戈。

火星的其他地方则以"次表层冰川"的形式存在。据估计，如果所有的极地冰融化，这颗星球将被平均深度为 11 米的海洋所覆盖。两端的极冠都是由大量的水冰与冻结的二氧化碳（干冰）组成，当它们在各自的秋冬季节处于完全黑暗状态时，随着二氧化碳冰的积累，它们增长到最大限度，此时火星大气中高达 30% 的二氧化碳会凝结并冻结。

火星的偏心轨道使两极的冬季长度和寒冷程度不等。在长达 305 天的北半球秋冬季节，当火星接近近日点时，季节性的北极盖会增长，并延伸到 64°N 左右。在长达 382 天的南半球秋冬季节，火星接近远日点时，此时季节性的南极盖延伸到 55°S 以下。

当太阳在两个半球各自的晚春时节爬上高空时，两极上空会形成云与缥缈的冰雾，打造出一张朦胧的灰毯或极地"兜帽"。虽然气温升高，但大气压力太低，无法让冰融化并变成液体，因此形成这些云的水蒸气是通过蒸发产生的。随着温度的上升，从两极吹来的强下降风时速高达 400 千米。随着云层和冰雾的消散，壮丽的冰盖映入眼帘。

随着两极季节性冰盖的消退，极地层积地形被暴露出来。这类地形是由风带来的物质在冰盖上沉积形成的。极地层积地形清晰可见是因为这些分层含有不同成分的灰尘、沙子和挥发性物质。由于火星长期的转轴"摇摆"，这些分层是在火星气候的周期性变化中形成的。由于冰沉积物在两极停留的时间较长，极地层积地形层一般比较厚。极地层积地形由相对松散、易受侵蚀的物质组成，风的冲刷造就了平滑的山谷、悬崖和山脊。极地层积地形的沉积和移动并不会给下方更有弹性的地形带来显著影响。

3.5 北极冠

在北半球的盛夏时节，仍然残留着一个由水冰组成的北极冠。极冠残骸的直径约为 1100 千米，面积约为 700,000 平方千米，平均厚度达 2 千米，这道巨大的沟壑被称为"北极深谷"。此外还有许多自极冠中心呈螺旋状态延伸的槽谷。

北极深谷几乎将残余的冰盖一分为二，这是一个长 560 千米、最宽处达 100 千米的山谷。它拥有一个由沙丘构成的平坦底部，平均深度为 1400 米。透过特写镜头，可以发现其壁上显示的物质层无疑蕴含着许多关于火星昔日状况的奥秘。当太空探测器首次拍摄到这个深谷时，多数行星科学家认为它可能是由极地的层状沉积物侵蚀形成的——要么是由于灾难性的大洪水，要么是因为其底部在长时间里的融化，或是风成作用，抑或是这些因素的组合。现在人们普遍认为北极深谷是在层状沉积物下沉的同一时间形成的。这些沉积物受到了先前存在的地形特征的影响，不均匀堆积，造就了其形态。事实上，在北极已经发现了另一个在规模和年龄上与北极深谷相当的山谷，但这个山谷已经被沉积物所掩盖，不再是明显的地形特征。

人们认为，北极和南极冰冠上的螺旋状槽谷是由来自两极的高速下坡风作用形成的。风并不是穿过槽谷并吹融其表面的物质，而是横吹槽谷，将冰从上风侧输送到下风侧，导致上风侧的冰变薄，槽谷下风侧的冰变厚。随着时间的推移，冰缓缓地逆着风移动。火星的自转造就了槽谷的螺旋形状，因为科里奥利力（我们在地球上熟知的云系移动方式）作用于风，它们在逐渐走低的纬度上扭曲到更大的程度。这使得北极冠的槽谷产生了剧烈的顺时针旋转，而南极冠的槽谷则产生了逆时针旋转（相对不太明显）。

随着冬季的到来，北半球的温度降至零下 123 摄氏度以下，北极冠形成了一层一米厚的冰冻二氧化碳层，冰冠逐渐增大，延伸到 55°N 左右。

3.6 ┃南极冠

　　残余的南极冠宽达 400 千米，厚 3 千米。它有两层：顶层大约 8 米厚，由冰冻的二氧化碳组成；下层则由水冰组成。

　　令人惊讶的是，残余的冰冠并不是以地理上的南极为中心，而是在纬度上向阿耳古瑞平原偏移了 2 度。这种位移是由火星风的环流造成的，它在南极的西半球产生了一个冰雪覆盖的低气压系统。由于雪比霜能更有效地吸收阳光，因此雪更凉，而且随着春夏季节的到来，升华速度更慢。在冬季，南极冠是围绕极点对称的。当冰冠达到最大时，直径约为 4000 千米，覆盖火星整个表面积的 20%。

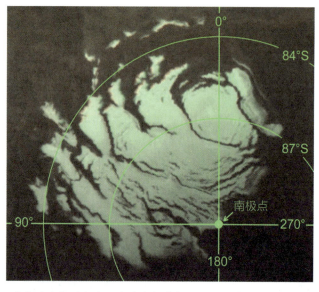

图 3.3　残余的南极冠与地理上的南极有相当大的偏差。图片源自美国国家航空航天局／彼得·格雷戈。

随着南极冠在春季和初夏发生季节性的萎缩，其边缘开始变得不规则，而且其中一部分似乎在希腊平原以南地区与极冠的主体脱离了。人们熟知的米切尔山（不要与米切尔撞击坑混淆）是一片比较明亮，从350°W到40°W，绕84°S的高地区域。它有一个朝南的陡坡，由于其远离太阳的方向和反照率，在春季其二氧化碳霜层一直比周围地区留存时间更长。

北极冰冠残余的表面通常是平坦、有凹痕的，与它相比，南极冰冠残余呈现出一个复杂的景观，拥有宽阔平坦的台地小小的孤丘、坑洞和低谷，某些地方就像一摞充满孔洞的瑞士奶酪片。据观察，陡坡和坑壁每个火星年平均萎缩3米，有些地方的萎缩达到8米，而它们的底部（就面积而言，接受较少的阳光直射）保持着同样的水平。随着它们的萎缩，南极坑洞合并成为平原，平原之间孤立的小片区域成为台地，台地又成为短暂的孤丘。

位于60°S~80°S、150°W~310°W之间有一片被称为"蜘蛛"（狭长的槽谷）的区域，还有那些或明或暗的扇形地貌，都有着不同寻常的特征，这些地貌是南极独有的。该地区被称为"神秘地形"，因为行星科学家在一开始便发现它们的起源很难解释。这些地形被认为是在春季解冻期间通过小规模二氧化碳喷射或间歇泉的喷发迅速（在几天或几周的时间内）形成的。当二氧化碳在厚达1米的透明二氧化碳冰层下升华时，气体以辐射状流动，产生了"蜘蛛"槽谷。在一些地方，气体突破到表面，以间歇泉的形式溢出，将较暗的尘埃粒子抛入大气中，尘埃以扇形的形态沉积在下风口的冰层表面。

3.7 冲击地貌

　　火星的大部分地区已经被猛烈的流星体和小行星撞击"雕琢"过了。人们认为所有的类地行星——水星、金星、火星、地球以及其卫星月球——都受到过类似程度的撞击。在亿万年间，金星、地球和火星庞大的大气层有效地缓冲了撞击作用，只有较大、较坚硬的来袭物体才能造成大规模的破坏，而持续的火山和地壳构造过程则彻底抹去了更古老的撞击伤痕。

　　而缺少大气层的水星和月球已然完全暴露在严酷的太空真空中，并受到行星间尘埃、流星体、小行星和彗星的撞击，不仅如此，还有 X 射线、伽马射线和宇宙射线。它们的表面受火山和构造力量改造的程度更轻，因而许多古老的撞击痕迹清晰可见。

　　火星位于频谱的两端之间，虽然许多古老的撞击盆地（特别是在北半球）已经被抹去或隐藏起来，但一些非常古老的撞击盆地依然清晰可见。其南半球的大部分地区是相较更为古老的地形，被数以千计的大型撞击坑所覆盖，而年轻的北半球的大部分表面的撞击坑则相对稀疏。大约 60% 的火星表面有密集的环形山，而其余 40% 的表面撞击坑则较少。要注意的是，覆盖北半球大部分地区的北极盆地，其本身可能是由一次巨大的撞击所产生的。

　　火星上约有 25 万个直径大于 1 千米的环形山，直径超过 5 千米的有 4 万个，直径超过 100 千米的撞击地貌约有 150 个。火星的地壳从未受到板块构造的影响，但其表面的大片区域已经被火山活动、沉积过程、风化作用与包括变质活动和断层作用在内的其他地质过程所改变。然而，几十亿年前所形成的大大小小的撞击特征往往可以被清晰地追踪到。

有相对较少部分的火星环形山是古代火山的破火山口。但并无证据表明，有任何一个环形山是由剧烈的地壳爆炸或岩浆沉降后的地壳塌陷所形成的。因为如果某些环形山确实碰巧有如此起源，那么我们就有可能观察到冻结之下，在不同阶段所形成的这些特征。

流星体和小行星撞击制造出了火星上的大部分环形山，其外观在不同程度上受到火山、变质、河流和风化过程的影响而有所改变。许多更古老的环形山已受到构造活动和断层的影响而发生变形。相对较年轻的火山口，其陡峭的内坡往往显示出崩塌的痕迹，还有幽深的涧沟（有些可能形成于近期），似乎是在流动液体的侵蚀作用下被切割的。熔岩流、排水带来的沉积物与风沉积物部分填满了许多环形山的底部。实际上，部分撞击特征几乎被完全填满了，其暴露边缘的残余部分产生了"幽灵"陨石坑或准圆形洼地。

绝大多数火星陨石坑呈现出与所有类地行星以及月球上相当类似的撞击特征。从小型陨石撞击坑到巨大的小行星撞击盆地，火星撞击特征的形态有一个清晰的模式，横跨所有的大小范围。已观察到的火星撞击坑的形态与计算机研究和在实验室进行的弹道撞击实验，以及对地球撞击坑（包括自然撞击特征与人造爆炸坑）的实地研究相吻合。

一颗在地球的大气层中可能会完全燃烧殆尽的流星体，若撞上火星表面，可能会撞出一个小型撞击坑。直径小于 5 千米的撞击坑通常拥有平滑的碗状洼地，深度－直径比较大。简单的弹射物环领——通常是一片粗糙的地形，延伸至约一个撞击坑直径之外——出现在这类更新的撞击坑案例中，在火星上随处可见。更大的撞击特征的深度－直径比往往更小，会逐渐呈现出更为复

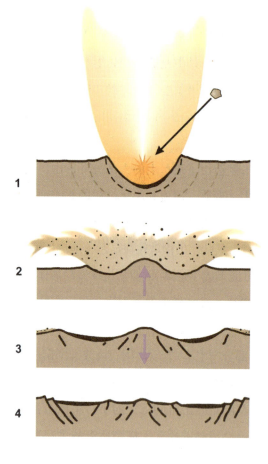

图 3.4　一个简单撞击坑的形成阶段：1.撞击和开凿；2.反弹和隆起，喷出物覆盖；3.地壳均匀调整，隆起物坍塌，岩壁坍塌和断层，撞击熔融物和可能的熔岩淹没底部；4.最终的原始撞击坑。

杂的形态。

　　取决于撞击体的大小与性质、撞击速度和被撞击地形的性质，火星上撞击坑的直径可以达到撞击体直径的 10~50 倍，撞击坑物质体积可以达到撞击体体积的数百倍，撞击速度在每秒 6 千米——最低的撞击速度是由处于近圆日心轨道的本地小行星产生的。其他小行星和短周期彗星的撞击速度可达到这个速度的两倍，而长周期彗星的撞击速度可能超过每秒 30 千米。

　　由于后期的风化作用和火山和 / 或沉积过程的填充，火星上撞击坑的深度－直径远比月球上的更多样化。对原始火星撞击坑的分析显示，撞击结构的深度－直径比，在直径为 10 千米以内撞击坑的范围内为 10：1，在直径为 50 千米以内撞击坑的范围内为 25：1，在较大盆地中约为 100：1。

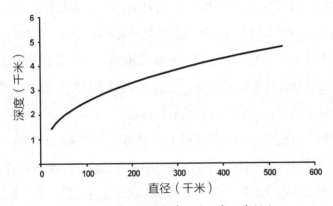

图 3.5　大型火星撞击特征的深度－直径比

　　一些撞击体在各种因素（大小、成分、撞击速度和接近角度）影响下，能够穿透岩浆和风化层进入下方的固态地壳。一个足以切入火星地壳的撞击体能够产生巨大的压力和温度，因为其动能（物体质量和速度的平方的乘积）被转化为冲击波和热量，传递给周围的地壳。在穿透后，撞击体下方的地壳即刻便受到挤压，冲击波通过撞击体与包围的地壳传播开来。周围的物质被向下与向外推，在爆炸期间，喷发物向外喷出。

　　当撞击体和周围的岩石几乎在瞬间被汽化时，形成了一个温度高达几百万度的超热膨胀熔融材料气泡。随着由蒸发岩石与较大岩石碎片组成的开凿物自撞击地点向外炸开，所形成的冲击坑边缘变形并隆起。随着地壳压力的释出，回弹效应令较大的撞击坑在中央产生了隆起，大量的熔化岩石堆积在撞击坑的底部。地壳均匀调整使内壁坍塌，较大撞击坑的底部可能会发生断裂，使得熔岩上升到地表并流过底部。

当开凿物四散在新形成的撞击坑周围时，会产生一个喷射物盖层。一些较大的碎片可能草草地熔焊到一起形成角砾岩，而较小的物质微滴可能在飞散时发生冷却和固化，形成玻璃状的小珠子或较大的"炸弹"。在向固态地壳的简单撞击中，喷射物是以一种有序方式进行沉积。靠近地表撞击焦点的物质首先被喷出，高速的物质被陡然喷射到地表之上，在离撞击坑很远的地方沉积。随着撞击的进行，更深的物质被挖掘出来，但随着撞击的整体能量消散，逐渐变慢的速度意味着喷射物的分布越发靠近撞击坑，被开凿最深的基岩几乎不会被抛到撞击坑边缘。与撞击点的原始分层相比，这一过程产生了喷射物盖层的分层倒置。曾经在撞击地点形成顶层的物质被原来在其下方的物质所覆盖。

但是，火星上的撞击结果往往比其他类地行星和月球上的更为复杂。在北半球高纬度地区曾发现了不寻常的"基座"撞击坑（平均直径为 2～3 千米），它们很可能是由未能完全穿透富冰风化层的撞击形成的。由此产生的喷射物具有较少富冰成分。在较温暖的时期，它护住了下方的富冰岩，而周围岩浆中的挥发性物质则升华了。随着周围地势的降低，撞击坑及其喷出物慢慢升起，高于周围的环境，形成一个基座结构。

许多直径在 5~50 千米的撞击坑呈现出裂叶状的喷出覆盖物，被称为环壁喷射物。其中一些撞击坑周围有奇特的"煎饼"和"泥浆溅射"的喷射物模式，表明撞击发生在冰冻的地面上，地面被撞击产生的热量加热并产生流化。通过对这类环壁撞击坑位置进行的调查，可知这些地区存在着大量的地下冰层。一些撞击坑显示出的喷射瓣不止一个，包括双层或多层的喷射模式。拥有双层喷射物的撞击坑尽管在南半球也发现了一些，但还是主要出现在北半球的平原上，在阿耳卡狄亚、阿西达利亚和乌托邦地区（主要位于 35°N 到 65°N 之间）。在北半球所有呈现出喷射物模式的撞击坑中，约有 40% 为双层，而在南半球，这一数字仅为 10%。此外，北半球外围喷射层的范围通常比南半球的大。相似的情况主要发现于北半球平地带，带有"煎饼"状喷射物的撞击坑，为外围喷射物已遭破坏的双层结构。

在许多火星撞击坑的底部都可以发现（对称或不对称的）中心坑，其中有些位于中央高地的顶点。在大小为 5~125 千米的撞击坑中，已被辨认出近 600 个中心凹坑与 330 多个中心高地。尽管月球和水星上类似大小的撞击坑有时也包含这类特征，但它们在火星撞击坑（以及冰雪覆盖的木星、卫星、木卫三和木卫四上的撞击坑）中更为常见。尽管其形成的确切机制仍不确定，但人们相信它们是通过撞击挥发性强的地壳所产生的。拥有中心坑的火星撞击坑经常出现在大型撞击盆地的边缘与外圈位置上。这表明挥发性物质最初集中在盆地形成过程中由撞击断裂产生的储层上。约 30% 带有中心坑的撞击坑是在拥有多层喷射物的撞击坑中发现的。

在一些案例中，大量撞击自地壳中开凿出了物质，在充满地下冰的风化层之下，撞击坑的外观让人联想到许多较大的月球撞击坑。其内部很复杂，有宽阔平坦的底部，上面覆盖着撞击熔化物，熔岩偶尔会泛滥，其中心是高耸的山丘。沿着内壁可以发现阶梯状坡地，这是由于物质向内坍塌造成的。在边缘外，它们的喷射物系统有一个环壁较少、放射状更多（包括明显的放射状山脊和沟槽）的结构。此外还有由大块较干燥的开凿基岩受撞击后形成的次级坑。

次级撞击坑是以远低于原始撞击速度所形成的撞击坑。这些次级撞击开凿出的物质数量实际上可以超过最初高速撞击时抛出物的数量，因为低速撞击体往往比高速撞击体开凿效率更高，后者会产生大量的多余热量。喷射出的碎片流可以在其原始撞击坑周围生成呈放射状排列的次级撞击坑线条。这些特征可以由一系列大小相近、没有相连的撞击坑组成，也可以由相互连接的撞击坑链（其中一些被拉得很长）组成，在地表上横跨相当长的距离。撞击的动态变化使这些辐射结构并不总是完全遵循直线路径——次级的撞击坑链可以在地表上遵循相当弯曲，甚至是蜿蜒的路径，而由斜向撞击产生的单个撞击坑会呈现出拉长的外观。

尽管大多数原生火星撞击坑的轮廓大致为圆形，且拥有均匀分布的喷射物系统，但这并不一定表明它们是由接近垂直角度的物体下落形成的。事实上，大型撞击体以超过 12 度左右的角度撞击地表，会产生一个圆形的撞击坑。因为它们在作为一个点源爆炸之前，会深深地击穿到风化层和地壳，将喷射物以一种模式散布到陨石坑周围。而在角度小于 12 度的情况下，会产生椭圆形或拉长的原生撞击坑，因为爆炸是按照撞击体的原始路线散开的。其喷射物系统往往会以"蝴蝶"的形式来分布，裂叶形态与撞击轴成直角，或以单边模式远离撞击。据估计，在直径大于 5 千米的撞击坑中，约有 5% 的撞击坑展现出拉长的形态，其中有相当一部分也显示出蝴蝶型的喷射物模式。

3.8 ┃ 环形撞击特征

　　直径大于 100 千米的火星撞击坑，其底部并非中央山峰，而是呈现出高耸的圆环形态。随着直径的增加，撞击地貌犹如池塘中的涟漪，从一个点开始一圈圈地扩散。较大的撞击地貌不再被称为撞击坑，而被称为环形盆地。最小的环形盆地通常呈示出一由地壳反弹与隆起造成的庞大的中央地块，被一圈分散的山体所包围。直径在 300~1800 千米的较大盆地拥有一个充分发展的内部山环，但缺少中央隆起，形状与月球上保存最完整的环形盆地东海盆地类似。直径在 1800~3600 千米的较大撞击盆地被称为阿耳古瑞形盆地，它们呈现出崎岖的山环和被称为地堑的同心断裂谷形态。

　　火星最大的撞击结构就是多环盆地。它们呈现为多个同心的山环，这代表撞击发生后，原始的中央隆起塌陷时，地壳中产生了凌冻波。这些山环上有断层、陡坡和沟渠，其外层环可能远远大于最初小行星撞击造成的开凿。从轮廓来看，最大的盆地与它们的直径相比显得非常浅。

　　形成盆地的撞击在地壳中产生了巨大的地震波。而且已有证据表明，当这些地震波汇聚到与撞击地点正相反的位置时，形成了水星和月球上的混杂地形。然而，与水星和月球不同的是，火星的大部分表面在晚期重轰击后已经过广泛调整，所以地震波汇聚的证据绝不是明确的。举个例子，有人认为希腊撞击导致正反向位置的地壳断裂，从而导致了火山活动和塔尔西斯火山阿尔巴山的形成。

表 3.1　直径大于 150 千米的火星撞击盆地和撞击坑

名称	直径（千米）	中心位置
北极盆地（推测）	10,600	北半球
乌托邦盆地	3200	25.3°N, 212.8°W
希腊盆地	2300	42.7°S, 290.0°W
克律塞盆地	1600	26.7°N, 40.0°W
伊希斯盆地	1500	12.9°N, 270.0°W
阿耳古瑞盆地	1100	49.7°S, 56.0°W
惠更斯	467	14.0°S, 304.4°W
斯基亚帕雷利	458	2.8°S, 343.2°W
卡西尼	408	23.4°N, 327.9°W
安东尼亚第	394	21.3°N, 299.2°W
吉洪拉沃夫	386	13.5°N, 324.2°W
科瓦利斯基	309	30.2°S, 141.5°W
赫歇尔	305	14.7°S, 230.3°W
牛顿	298	40.8°S, 158.1°W
哥白尼	294	49.2°S, 169.2°W
德沃古勒	293	13.5°S, 189.1°W
施洛特	292	1.9°S, 304.4°W
纽康	252	24.4°S, 359.0°W
弗洛热尔格	245	17.0°S, 340.8°W
李奥	236	50.8°N, 330.7°W
赛奇	234	58.3°S, 258.1°W
开普勒	233	47.1°S, 219.1°W
伽勒	230	51.2°S, 30.9°W
维诺格拉多夫	224	20.2°S, 37.7°W
施密特	213	72.3°S, 78.1°W
马奇	211	0.6°N, 55.3°W
凯泽	207	46.6°S, 340.9°W
洛厄尔	203	52.3°S, 81.4°W
舍纳	195	20.1°N, 309.5°W
道斯	191	9.3°S, 322.0°W
菲利普斯	190	66.7°S, 45.1°W
萨维奇	188	27.8°S, 264.0°W
托勒玫	185	46.2°S, 157.6°W

名称	直径（千米）	中心位置
格林	184	52.7°S, 8.4°W
莫尔斯沃思	181	27.4°S, 210.9°W
巴尔代	180	22.8°N, 294.6°W
达尔文	178	57.3°S, 19.5°W
特尔比	174	28.3°S, 285.9°W
弗拉马里翁	173	25.4°N, 311.8°W
华莱士	173	52.9°S, 249.4°W
贝克勒耳	171	22.3°N, 8.0°W
亨利	171	10.9°N, 336.7°W
斯托尼	171	69.8°S, 138.6°W
水手号	170	35.1°S, 164.5°W
普罗克特	168	48.0°S, 330.5°W
古谢夫	166	14.7°S, 184.6°W
丹宁	165	17.7°S, 326.6°W
巴克赫伊森	161	23.3°S, 344.4°W
宫本	160	2.9°S, 7.0°W
舍贝勒	160	24.7°S, 309.9°W
格拉夫	158	21.4°S, 206.3°W
让桑	158	2.7°N, 322.5°W
杰日尼奥夫	156	25.5°S, 164.8°W
沼泽	156	43.7°S, 16.8°W
盖尔	155	5.5°S, 222.3°W
特鲁夫洛	155	16.2°N, 13.1°W
阿拉戈	154	10.2°N, 330.2°W
霍尔登	154	26.4°S, 34.0°W

3.9 ┃ 火山特征

同太阳系的所有类地行星一样，火星也经历了广泛的火山活动。其结果在这颗行星的地形上清晰可见。

地球型的地幔对流从未在火星内部真正形成。因此，板块构造的地壳挤压过程几乎没有机会开始。火星的地壳磁力显示出大规模的条纹，受挤压的岩浆已经被磁化到行星的磁场中。磁性条带为地球物理学家所熟知，它出现在地壳被推开的大洋中脊两侧，新鲜的侵入物质根据岩石冷却时的磁性条件被磁化。当地球的全球磁场转换极性时（就像在几十万到几百万年的间隔期所发生的那样），这些变化被记录在岩石中，数百万年前的重要记录被保存下来。

在塔尔西斯隆起以东、希腊以南，在赫斯珀里亚高原和大瑟提斯高原都可以找到广阔的玄武岩暗部平原。这些平原的历史与月海的时间相当，约在35亿至30亿年前爆发。我们只能看到火星火山活动的部分情况，因为自古以来，无数事物已经经过调节、侵蚀或遭到了沉积物掩埋。

火星上一些较小的盾状火山与锥形火山在20亿年前就开始了活动，而巨型盾状火山则形成于20亿至10亿年前。火星不太可能有活跃的火山活动。火星火山活动的最后阶段被认为发生在2亿至2000万年前，当时，熔岩流从奥林匹斯山的山坡滚落而下。

在地球上许多我们熟知的火山特征是由板块构造作用产生的，这在火星上并不存在。比如说，火星就没有因地壳潜没引起的"火环"，也不存在任何与我们海中央火山脊相对应的东西。鉴于火星上没有板块构造运动，长期的地幔涌升在地表下产生了大型的岩浆房，导致上方地壳的上升。这些上升区域的喷发往往是长期的，且势头猛烈。它们促成了几座超大型静态盾状火山的增长，情况与夏威夷的盾状火山群岛类似。尽管火星的表面积只有地球的38%，但其盾状火山在规模上远远超过了我们地球上的盾状火山，还拥有更广阔的熔岩流——这是火星较低的重力与更长的喷发时间导致的结果。

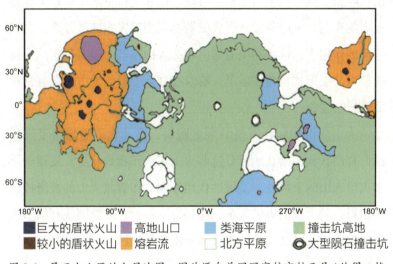

图3.6　展示火山区的火星地图。图片源自美国国家航空航天局／彼得·格雷戈。

四座巨大的盾状火山主宰着广袤高耸的塔尔西斯地区，包括阿尔西亚山、孔雀山、阿斯克劳山和雄伟的奥林匹斯山。这些盾状火山活跃了几十万年之久。通常情况下，这些盾状火山的坡度约为6度——尽管它们在太空探测器的图像中给人留下了深刻印象，但并不陡峭。位于塔尔西斯约 110°W 位置的是埃律西昂地区一座较小的隆起"岛屿"，是当地最大的火山，即埃律西昂盾状火山，其北侧是赫卡忒山丘，南面是阿尔沃尔山丘。每座火山的顶部都有一个巨大的山顶火山口或火山口群，它们被称为"破火山口"，是火山活动结束后顶部塌陷造成的。

以静默形式汩汩喷发所形成的盾状火山是火星火山中最庞大也是最令人赞叹的类型。但我们也能发现其他类型的火山。许多较小的火山由爆炸性喷发所形成，它们由连绵的火山灰与黏滞的熔岩堆积而成，因此，这类地貌的外观更加凸起，坡度比盾状火山更陡峭。刻拉尼俄斯山丘、第勒纳山和亚得里亚山口就是这种火山的实例。火山灰云从强大的普林尼型喷发中四散开来，在盛行风的作用下，这些物质通常沉积在火山东部，随着每次的连续喷发以分层形式覆盖住地形，有时在靠近喷口的地方夹杂着黏稠的熔岩喷溢物。

火山灰沉积物比下层景观更脆弱，因此它们更容易受到侵蚀。脊凸状和沟槽状地形是这些火山灰沉积物的特点，发现于许多火星火山的下风处，受风蚀作用影响。在盾状火山的高海拔破火山口，其大量的火山灰沉积能佐证。例如，来自阿波利纳里斯山口的火山灰被认为是被美杜莎堑沟群的风蚀特征所切割的主要物质。然而，一些火山灰沉积物没有明显的火山源头。例如，在子午高原附近的细颗粒分层沉积物找不到与该地区任何火山相符的特征，所以它们的存在仍有待解释。

随着提供活动的岩浆库冷却下来并退回地表深处，火山活动逐渐减少。在某些情况下，由于组成盾状火山的物质很脆弱，无法保持完整，盾状结构的大部分就会发生坍塌。这些塌陷特征被称为"山口"（*paterae*，来自拉丁文，意为碟状陶器或金属器皿），它们拥有浅浅的外侧坡面，部分拥有由连续塌陷形成的呈圆齿状的边缘。当它们位于高处顶部时，其火山的特质显而易见。然而，由于部分火山口被火山物质所环抱，其原来的火山斜坡就难以辨认了。

表 3.2　火星上被命名的山

名称	中心位置	直径（千米）	高度*	形状**
阿尔巴山	40.5°N, 109.6°W	530	6800	V
阿尔沃尔山丘	19.0°N, 209.6°W	170	4500	V
安西瑞斯山	30.1°S, 273.4°W	58	4200	M
阿波利纳里斯山丘	17.9°S, 184.3°W	35	3200	V
阿尔西亚山	8.4°S, 121.1°W	475	17,800	V
阿斯克劳山	11.9°N, 104.5°W	460	18,200	V
奥索尼亚山脉	27.7°S, 261.2°W	158	1370	M
南极山脉	80.3°S, 345.9°W	387	5000	M
半人马山脉	38.9°S, 264.8°W	270	1400	M
刻拉尼俄斯山丘	24.0°N, 97.4°W	130	8500	V
卡尔刻山脉	54.0°S, 37.9°W	95	2300	M
查瑞腾山脉	58.3°S, 40.2°W	850	2500	M
科罗纳山脉	34.9°S, 273.6°W	236	−2600	M
东玛莱奥提斯山丘	36.2°N, 85.3°W	5	640	V
厄科山脉	8.2°N, 78.0°W	395	−90	M
埃律西昂山	25.3°N, 212.8°W	401	13,860	V
厄瑞玻斯山脉	36.0°N, 175.0°W	785	−3100	M
埃夫利波斯山	45.1°S, 255.0°W	91	4480	M
盖勒克西乌斯山	35.1°N, 217.8°W	22	−3900	M
革律翁山脉	7.8°S, 82.0°W	359	2250	M
冈努斯山	41.6°N, 91.0°W	57	2890	M
赫卡忒山丘	32.4°N, 209.8°W	183	4720	V
希腊山脉	37.9°S, 262.3°W	153	1310	M
赫勒斯滂山脉	44.7°S, 317.2°W	730	−1370	M
希贝斯山脉	3.7°N, 188.7°W	137	−1460	M
霍莉山	51.4°S, 36.6°W	20	−760	M
伊塞顿山丘	36.3°N, 95.0°W	52	830	V
朱维斯山丘	18.4°N, 117.5°W	58	2990	V

名称	中心位置	直径（千米）	高度*	形状**
拉贝亚提斯山	37.8°N, 76.2°W	23	1860	V
利比亚山脉	2.8°N, 271.1°W	1170	2100	M
北玛莱奥提斯山丘	36.7°N, 86.3°W	3	820	V
涅瑞伊德山脉	38.9°S, 44.0°W	1130	1920	M
俄刻阿尼得山	55.2°S, 41.3°W	33	−1790	M
八分仪山	55.6°S, 42.9°W	18	−1490	M
奥林匹斯山	18.4°N, 134.0°W	648	21,170	V
孔雀山	0.8°N, 113.4°W	375	14,030	V
比利亚山	31.4°S, 274.0°W	22	−840	M
佛勒格拉山脉	41.1°N, 194.8°W	1352	−1170	M
品都斯山	39.8°N, 88.7°W	17	1140	M
斯堪的亚山丘群	74.0°N, 162.0°W	480	−4800	V
西绪福斯山脉	69.9°S, 346.1°W	200	1370	M
西绪福斯山丘	75.7°S, 18.5°W	25	2100	M
叙利亚山	13.9°S, 104.3°W	80	6710	V
塔娜伊卡山脉	39.8°N, 91.1°W	177	1980	M
塔耳塔罗斯山脉	16.0°N, 193.0°W	1070	−940	M
塔尔西斯山脉	1.2°N, 112.5°W	1840	18,200	V
塔尔西斯山丘	13.5°N, 90.8°W	158	8930	V
第勒纳山	21.4°S, 253.6°W	473	2930	V
乌拉纽斯山脉	26.8°N, 92.2°W	274	4853	V
乌拉纽斯山丘	26.1°N, 97.7°W	62	4290	V
西玛莱奥提斯山丘	35.8°N, 88.1°W	12	1250	M
克珊忒山脉	18.4°N, 54.5°W	500	−1620	M
仄费里亚山丘	20.0°S, 187.2°W	31	2830	V

* 高度：山峰或山脉的最高点，参照基准面（火星表面平均高度）来测量，
而非相对于地形的直接环境测量。

** 形状：V 表示火山特征；M 表示非火山特征。

　　来自太空探测器的高分辨率图像显示，在火星表面存在一些
洞穴入口，这些洞穴入口被认为是由火山灰沉积层和火山侧熔岩
流的局部坍塌产生的竖井。在火星上所发现的最大的一"批"洞

穴——至少有 7 个，被统称为"七姐妹"——位于阿尔西亚山的侧面。它们的入口宽度在 100~250 米之间。从它们在火星上白天被照亮的方式（阳光无法照亮它们的大部分底部）来看，这些洞穴至少有 73~96 米深，但如果它们碰巧沿着隐藏的管状熔岩洞延伸下去，则可能更深，并在地表下扩大。

3.10 ▎裂 谷

　　尽管火星的地壳没有向类似地球的板块构造运动屈服，但在一些地区，巨大的地壳张力超过了岩石的承受强度，造成了断层和大片的裂缝。在塔尔西斯周围，可以发现几十座庞大的线性裂谷。随着塔尔西斯地区的隆起与上升，这一过程所形成的张力拉开了地壳，形成了这批裂谷。还有一些横切的裂谷，展示出地壳压力随着时间推移来自不同的方向。地壳张力很可能是地壳因岩浆侵入和火山负荷造成隆起的产物。在这种情况下，地壳因堆积在其上的火山物质而发生变形。

　　一大片几乎在南北向平行的裂谷，即刻拉尼俄斯堑沟群，发现于阿尔巴山邻近地区。阿尔巴山位于塔尔西斯高原北侧，是一座直径为 530 千米的大型盾状火山。沿着这片线性的山谷，似乎还有小型的陷落火山口已经成形。其中有许多以孤立的坑洞形式出现，或者部分坑洞凝聚在一起以环形山链的形式出现。由崩塌形成的坑洞和环形山链往往能与撞击特征区分开来，因为它们缺乏凸起的边缘和周围喷射物的沉积。

　　有一大片相互连接的宽阔深谷系统被统称为水手号峡谷群（以 1971 年拍摄到它的"水手 9 号"火星轨道探测器命名），切入塔尔西斯的东南面。水手号峡谷群自东到西几乎长达 5000 千米，有些地方深达 8 千米，几乎延伸了火星的四分之一周，达到赤道以南。其西端是一大片被称为诺克提斯沟网的混沌峡谷，十几座规模较小的峡谷（而其中的大部分已然能让美国的科罗拉多大峡谷相形见绌）伸入主谷两侧。一些是由裂谷作用与下陷作用形成，另一些则是由河流侵蚀而成。在水手号峡谷群的东端，科普莱特斯深谷汇入厄俄斯深谷，后者扩展为一系列相互连接、起伏不平的平原和谷地。其中一些山谷似乎已经被流水改变，在拥有明显轮廓的特征周围拥有流线型地形。这是一个惊人的地形，是太阳系的一大视觉奇观。

第四章

大气干扰、流星与磁场

早在 17 世纪初，使用望远镜的观测者就怀疑火星拥有大气层——但话说回来，同样也是这批观测者认为月球也拥有这样的特征，尽管他们没有什么证据支持这一想法。到了 18 世纪末，威廉·赫歇尔（1738—1822）——一位坚信火星上有智慧生物居住的伟大人物，观察到了火星在极冠范围下的季节变化。他注意到火星上的印记有明显变化，这对他来说意味着火星上偶尔有云层的覆盖。为了能有良好的视野来获取火星的表面特征，地球上的观测者需要地球上天气晴好，火星上也要有好天气！

　　尽管火星表面的重力只有地球的三分之一多一点，但火星较低的温度和较高的大气平均分子量令这颗星球保留了大量大气，其大气标高（大气压力对数变化的垂直距离）约为 10.8 千米，比地球的高出近 5 千米。

　　火星稀薄的大气层由 95% 的二氧化碳、3% 的氮和 1.6% 的氩组成，还有微量氧气、水与甲烷。所有构成火星大气的气体同样也可在我们在地球上呼吸的空气中找到——但比例完全不同。地球上的大部分空气是由氮气组成的。二氧化碳是火星大气层中最常见的气体，但它只是地球大气层的次要组成成分。而氧气——一种对地球上的生命无比重要的气体——在火星的大气中也仅是一种次要成分。一个宇航员吸入少量的火星空气不会受到太大伤害，但其所含氧气对人类的生存所需来说还是太少了。

4.1 ┃ 甲烷之谜

　　耐人寻味的是,在火星大气中已检测到相当体量的甲烷气体,按体积计算甲烷气体约占大气的十亿分之三十。最初通过地球上的光谱观测,推测火星含有甲烷,在 2003 年,首次从轨道上明确地探测到甲烷。火星上的甲烷在较温暖的北半球的春季与夏季自特定区域循季节释放,并以大型烟羽的形式分布,在一年之内消散。甲烷羽流已经在塔尔西斯、埃律西昂和大瑟提斯的火山地被绘制了测绘图。此外还有阿拉伯台地,那是一个有大量地下水冰的地区。还有一片特别的热区——尼罗堑沟群,那是伊希斯撞击盆地周围一个深层地壳裂变的区域,覆盖着水合矿物黏土。在对火星夏季的观察中发现,来自最大羽流的甲烷释放速度与加利福尼亚海岸煤油点渗流场天然海洋油气释放的速度相当。加利福尼亚州海岸外的油点每天约有 40,000 千克的甲烷被释放。

　　火星上甲烷的发现让天文生物学家着了迷,因为它对生命的存在有很大启示。地球上的大部分甲烷(一种所谓的"温室气体")是由腐烂的植被和动物胃(尤其是牛羊胃中)中被称为"产甲烷菌"的微生物消化营养物质的副产品来释放的。然而,这种气体可以以非生物活动结果的形式产生。举例来说,在地球上,甲烷由泥火山自地壳深处释放出来。由于会被来自太阳的紫外线迅速分解,甲烷在火星大气中的寿命很短(最多只有几年),这意味着这种气体正在从活跃的来源中得到补充,无论它们是什么。如果火星上的微生物被证明是其来源,这种产生甲烷的生命最有可能位于这颗星球的地表下,那里有足够温暖的液态水和碳供应,这两者对我们所知的生命都是至关重要的。

4.2 ┃温　度

　　火星的年平均表面温度约为零下 55 摄氏度。然而，火星轨道偏心程度之大，使得位于火星近日点与远日点之间的日下点在整个火星年中有大约 30 摄氏度的温度变化，这对火星的气候产生了重大影响。在冬季，两极的温度可以骤降至零下 140 摄氏度（比地球上最低纪录的温度还要低 50 摄氏度），在夏季的日下点，反照率较低的地区（暗区）温度约为 27 摄氏度。

4.3 大气压

在火星表面，火星的最高点（奥林匹斯山顶）的气压在 30
帕左右，在近乎真空的状况下，那里的水只以固体或蒸汽的形
式存在，而南半球希腊盆地的地表最深处的气压则超过 1155 帕。
相比之下，地球在海平面的平均大气压为 101.3 千帕，大约是火
星平均表面压力的 140 倍。液态水甚至有可能暂时存在于希腊平
原表面的某些暗区。在那里，大气压相对较高，而且日间温度偶
尔超过了水冰的融点。事实上，火星北半球的大部分地区始终高
于水的三相点，在那里，物质可以以气态、液态或固态存在。

4.4 风

　　早在太空探测器对火星进行近距离细节成像之前，天文学家就已经确信有风吹过了这颗星球的表面。天文学家们观察到火星的亮度随时间的推移而变化，并怀疑风带来的尘埃遮蔽了大气层。"水手9号"正是在一场巨型沙尘暴中抵达火星，风的存在获得了压倒性的证明。"水手号"和"海盗号"探测器也发现了明显由风形成的表面特征，包括各种类型的沙丘和风纹。风是今日火星表面成型的主要因素。

4.5 云

　　火星上的云虽然常见，但通常比地球上的云显现度低许多。尽管火星大气层只含有微量水蒸气——大约是地球大气层中水蒸气含量的千分之一——但这足以形成云。通常，大气温度和压力接近饱和就会产生水蒸气云。从地球上看，云的特征通常被视为瞬态的明亮特征，不过其结构已经过空间探测器的仔细检视，分为以下类型：

　　1. 背风波，或称地形云，形成于山脊、环形山、山地与火山等大型障碍物的背面处（与风向相反的一面）。含有水分的空气在这些高点被迫上升产生了云，从而在火星大气中产生波浪形的振荡。在奥林匹斯山和塔尔西斯火山的背风面经常有引人注目的明亮地形云形成，它们的亮度和大小足以透过业余望远镜观察得到。

　　2. 波状云，表现为一排排线条状态的云，最常出现在极冠的边缘。当火星的春日阳光照射极冠时，冰冻的二氧化碳升华，便产生了这种云。产生的风以高达每小时 400 千米的速度从两极扫过。

　　3. 云街，表现出双重的周期性，呈现为气泡状的积雨状云，呈一排排的线性排列。

　　4. 条状云，有方向性却不展现周期性。

　　5. 雾或地面雾霭形成于黎明与黄昏时分，往往发生在低洼地带，如山谷、峡谷和环形山。在早上的低洼地带也会形成大片的雾，如水手号峡谷群。大气中的灰尘偶尔也会产生地面雾霭。

6. 羽状云，这是一种细长的云，似乎源自上升的物质。它们通常由灰尘颗粒而不是水蒸气组成。有一个明显的例子，每年在南半球秋季结束和冬季即将开始时，可以短暂地在塔里西斯火山群阿尔西亚山的上空观察到这种云。那是一团由细小粉尘组成的螺旋状云，它被暖空气带到了火山坡面上，高度可达 30 千米。

在火星冬季漫长的寒冷时节，其表面还覆盖着一层薄薄的水霜。火星的低大气压令水无法以液体形式存在于行星的表面。当温度上升到冰点以上时，水冰就会升华，直接变成水蒸气。毫无疑问，在很久以前，火星有时也拥有足够高的大气压让水在其表面流动，形成浅海和湖泊，汇成河流。

火星大气层中的尘埃，是细颗粒表面物质被风扬起悬浮起来所造成的，由此产生了浅棕色或橙色的天空。原位航天探测器数据表明，这些在大气中悬浮的尘埃颗粒直径约为 1.5 微米。悬浮在火星大气层中的微小红色尘埃颗粒（和构成香烟烟雾的颗粒一样小）反射阳光，令天空呈现出淡淡的粉褐色——颜色的强度随大气中灰尘的数量而变化。在极少数情况下，当区域的大气条件处于完全平静的状态时，灰尘在火星的天空中沉淀下来，颜色可能会变成深蓝色，就像我们在晴天时在地球山顶上所看到的天空的颜色。

在太阳热度的辐射下，火星大气层所产生的风将尘埃高高地抛向空中。大量的尘埃使得火星上的地貌模糊不清，有时在区域上甚至全球范围内将它们完全遮蔽住，持续数周。而沙尘暴中的细颗粒会反射大约 25% 的阳光，因此，它们与火星更暗的沙漠地貌相比显得很明亮，因为后者的反照率为 10% 左右。天文学家称这些事件为沙尘暴，尽管它们可能听上去声势浩大，但在火星的表面，它们远不及地球上某个沙漠中的典型沙尘暴严重。由于火星吸收的太阳能规模随着季节以及其与太阳的距离而变化，因此火星沙尘暴有其规律可循。当火星接近近日点时，沙尘暴往往最为剧烈，这时火星接受的太阳能要比其年平均水平高 20%。

自 1877 年的火星大冲以来，大约发生了十几次大型的行星范围沙尘暴——在这段著名的大冲期间，乔瓦尼·斯基亚帕雷利首次观察到了"水道"（意大利语写作 *canali*）特征，阿萨夫·霍尔发现了两颗小型火星卫星，火卫一福博斯（Phobos）和火卫二得摩斯（Deimos）。1971 年，"水手 9 号"到达火星之时，由于火星表面受到全球性的大型沙尘暴遮挡，无法被观测到。2001 年，火星上也发生了一次大沙尘暴，当时火星完全被一层雾霾所覆盖，大约持续了 3 个月。

在 2003 年年中，在火星接近其近日点冲时，人们观察到了数个区域性的沙尘暴。其中最大规模的自希腊盆地溢出，并向南延伸至大瑟提斯，在不到一周的时间里覆盖了约 60 万平方千米的区域。在同年年底也酝酿起了一批沙尘暴，乌压压地汇合到一起，成为一种全球现象。积累的尘埃对仰赖太阳能的着陆舱和漫游探测器构成了威胁。

尘卷风经常以小范围形式在火星上的平原呼啸而过。当空气被传导性较差的温热沙漠表面催热时，就会形成尘卷风。沙漠表面的热空气蒸腾着向上跑进了较冷的空气中，将周围的暖空气向上拖动，生成旋转的旋涡。旋转的柱体横扫过火星表面，吸收上面的灰尘。火星尘卷风可能会升至 8 千米高，但它们只持续几分钟，它们剥去了地形上较亮的表面灰尘层，留下暗淡的蜿蜒痕迹。这种现象看似剧烈，但与地球上的尘卷风相比，它们相当温和。

4.6 | 火星流星

  2005 年，"勇气号"探测器拍摄了第一张流星划过火星天空的图像。科学家小组对该图像分析后认为这颗流星源自 114P/ 怀斯曼 – 斯基夫彗星（114P/Wiseman-Skiff）。

  接近火星轨道的彗星数量约是地球的 4 倍（其中相当一部分是木星家族彗星），因此，火星轨道很可能与不少沉积在其尾部的流星群相交。地球本身也会经过几十个流星群。当沙粒大小的尘埃颗粒进入大气层，并在 50~120 千米的高度上通过摩擦燃烧起来，就会产生流星雨，如英仙座、天琴座、双子座和狮子座流星群，在某些日子达到高峰。由于火星大气层的平均高度较大，人们认为流星体会在火星上空相似的高度燃烧，产生与从地球上观察到的流星体相似的规模。我们不知道火星每年流星雨的日期——这需要在火星周围一些地点进行专门的全景式夜间观察，或者从轨道上至少在一个火星年中持续监测火星——但它们无疑是存在的。人们认为，火星的轨道与哈雷彗星（1P/Halley）、奥伯斯彗星（13P/Olbers）及杜托伊特 – 哈特雷彗星（79P/du Toit-Hartley）产生的流星体轨道流相交。

  当流星体在大气层中燃烧时，它们中的金属颗粒受电离化影响，形成一个短时的等离子体轨迹，具有放射性，可以从地面或轨道上探测到。由阿尔玛大学领导的一个科学家小组制作了一个模型，预测了 1997 年（"火星全球探勘者号"开启轨道观测时）至 2005 年期间由杜托伊特 – 哈特雷彗星引发的 6 次火星流星雨。

在对预测结果和探测器对火星电离层活动的观测结果进行了交叉对比后，2003 年 4 月的数据显示，电离层的扰动与预测流星雨的时间和高度一致。未来确定了彗星轨道及其与火星相交的流星体流，加上来自火星上和火星上空的视觉资料和无线电观测，无疑能够发现更多的火星流星雨。

4.7 火星上的陨石

较大的流星体在通过相对稀薄的火星大气层，经过超高温状态下降后会幸存下来，撞击火星表面，与土壤撞击后形成一个小型的撞击坑。"勇气号"和"机遇号"探测器已经在各处发现了一部分这样的陨石。相对新鲜的陨石在其他的表面特征中显得很突出，因为它们没有遭到风化，又拥有独特的形状、颜色和（镍铁陨石的）表面质地。

在2005年1月至2010年9月期间，"机遇号"在子午高原表面发现了6块镍铁陨石，由一块名为"隔热罩岩"的陨石（Heat Shield Rock，直径约为24厘米）开始，到"红岛"（Oileán Ruaidh，直径约为45厘米）结束。"布洛克岛"（Block Island，直径约为60厘米，高为30厘米）是目前所发现的最大陨石。此外，"勇气号"漫游车还发现了2块镍铁陨石——艾伦丘与中山，这两块陨石距离很近，还有一些潜在的石质陨石已经过确认。

必须要注意的是，当我们说起"火星陨石"，天文学家们往往指的是发现于地球上、被认为是来自火星的物体（如本章前面所描述的）。这是一类罕见的陨石，人们只发现过56例。

4.8 火星陨石

　　在地球上已经发现了 53,000 多块记录良好的陨石。这些太空石大部分来自小行星带，不过还存在着一个非常特殊的子类——那些来自火星的石头。只有 99 块这类的陨石经过确认，其中，只有一块是石质的（无球粒陨石），属于 SNC 组别，这类陨石的名称分别为辉熔长石无球粒陨石、透辉橄无球粒陨石和纯橄无球粒陨石。毋庸置疑，SNC 陨石来自火星——其元素和同位素组成与空间探测器对火星岩石和大气气体进行的原位分析非常相似。火星陨石被认为是由于小行星或彗星的撞击而从火星上射出，并在一段时间后被地球偶然地捕获。

　　已知的 83 块辉熔长石无球粒陨石为富含镁和铁的火成岩，尽管辉熔长石无球粒陨石的年龄悖论目前还没有得到解决。在 1.8 亿年前就似乎已经结晶了——这是明显的（有些人认为是不可能的）最近日期，引起了诸多争论与火热的研究。

　　已知的透辉橄无球粒陨石有 13 块。最早经确认的是一个重达 10 千克的样本，1911 年落在了埃及亚历山大的奈克拉，据传这颗陨石砸死了一条狗。陨石为火成岩，富含辉石，由玄武岩浆形成——也许来自 13 亿年前的塔尔西斯、埃律西昂或大瑟提斯平原等大型火山地区。人们认为那时这些地区充满了液态水。透辉橄无球粒陨石从火星上弹射出的撞击发生在不到 1100 万年前，而它们到达地球的时间是在过去 1 万年内。

　　已知有两块纯橄无球粒陨石——一块为沙西尼陨石，1815 年坠落在法国的沙西尼；另一块是 NWA 2737，2000 年发现于摩洛哥。这两块陨石十分相似。它们主要由橄榄石组成,沙西尼石在火星地幔中形成的时间与透辉橄无球粒陨石形成的时间差不多。

同类别的 ALH 84001 陨石也是如此,它于 1984 年在南极洲的艾伦丘被发现。它被认为是由 40 多亿年前的熔岩结晶形成,它在火星上时受到冲击,并在大约 1500 万年前因一次撞击被轰出地表,约在 13,000 年前落在了地球上。因此,构成这块陨石的材质可能起源于挪亚纪早期。当时火星上存在着液态水,因为水生碳酸盐矿物占据了其结构中的裂缝。1996 年,有人声称在 ALH 84001 内检测到了生物化石,其形式是微小生物的沉积磁铁矿和微小的管节点结构,据推测为纳米细菌的化石。尽管在 ALH 84001 中,这些特征的起源还没有得到证实,但许多科学家仍然乐观地认为,过去可能有简单的生命在火星上发迹,而且可能确实存活到了今天。

4.9 磁 场

我们都已经习惯了地球双极磁场的影响——当太阳散出的带电粒子沿磁场线螺旋式下降到两极地区并与我们大气层中的分子碰撞时，罗盘指向的磁极就会产生五颜六色的极光。磁层犹如一张保护罩，偏转了太阳风，使我们免受其破坏性影响。在火星上，磁罗盘毫无用武之地，极光从未眷顾过火星的天空，因为这颗星球没有可观的全球磁场——它的强度肯定要比地球的小1000倍。

地球的磁场是由地表下约3000千米处的动力效应产生的，在地球的外核中，有一层持续运动的液态熔融铁。火星没有熔融内核，其透过动力效应产生磁场的能力在该星球形成后几亿年就停止了。然而，火星最初的磁场可能是目前地球磁场强度的十分之一左右，这使得部分地壳被磁化，直到该行星的核心凝固。

被磁化的岩石和部分地壳的证据表明，火星在形成后几亿年就失去了其整体磁场，大约和太阳系晚期重轰击时期全面展开在同一时间。40亿年前火星磁场的歇止可能是由于行星的内部冷却和随之而来的核心凝固逐渐给动力效应踩下了刹车。有人认为，行星磁场停止如此之早，其原因更具有戏剧性，是晚期重轰击时期大约6次巨型小行星撞击造成的结果。这种撞击产生了巨大的热量，随着地壳和地幔的冷却，行星核心冷却下的热流遭到破坏，核心迅速失去热量和流动能力。

在这之后形成的撞击坑没有显示出磁力的迹象——它们抹

去了预先存在的部分磁化地壳，产生的熔岩也没有留下任何磁力的痕迹。1997年，"火星全球探勘者号"在该星球地壳最古老的部分检测到了微弱的磁性——这些是火星原始磁场的残留物。研究表明，在火星形成后的最初几亿年里，磁场的极性发生了数次变化。

第五章

火星的卫星

火卫一和火卫二是火星的两颗卫星，有着土豆般的形状，是规模有着城市大小的石块。这两颗卫星以近乎圆形的轨道运行，几乎直接位于火星赤道上方。这两颗卫星都由相当暗的物质构成，表面均有环形山。由于其表面的低亮度和组成，人们曾经普遍认为火卫一和火卫二是被捕获的小行星，但模型显示，被捕获的小行星拥有赤道、近圆轨道的可能性极低。它们有可能是从轨道上的碎片中合生而来的，也许来自火星本身受大型撞击被炸出的物质。

火卫一是这对卫星中较大的一颗，在距离火星中心仅 9377 千米的地方运转（距离火星表面 5981 千米），一个周期仅有 7 小时 39 分钟。它是最接近火星的行星卫星，也是唯一一颗以比主星更快速度绕主星运转的卫星。从火星表面的赤道上看，它自西边升起，4 小时 20 分钟后在东边落下，仅仅过了 11 个小时后又再度升起。火卫一上升时的视直径约为 8.5 角分，与火星距离很近，这意味着当它经过子午线正上方时，其视直径已经增加到 12 角分，超过了我们从地球上看月球的视直径的三分之一。沿着逐步升高的北纬或南纬，随着火卫一在描述下的弧线接近地平线，它穿越天空的时间甚至变得更短。一直到纬度超过 70 度时，火卫一就完全看不到了。从火星上看到的火卫一视亮度随着它与观察者的距离、其视相以及火星与太阳的距离而变化。在火星近日点，其视星等可以达到 –9.5。

火卫一的形状不规则，经测量，体积为 26.8 × 22.4 × 18.4 立方千米，平均直径达22.2千米，表面积为6100平方千米（与爱尔兰的戈尔韦郡面积差不多）。其反照率为0.071，非常低，这令它成为太阳系中反射率最低的天体之一。从光谱角度分析，火卫一与C型或D型小行星类似，它的成分类似于碳质球粒陨石，但其密度太低，因而不可能由固体岩石构成，它必然是由相当多孔的材料所构成，含冰成分可能深藏在超过100米厚的细粒风化层之下。火卫一是如何以其可忽略不计的重力将这样的风化层保留下来的，仍然是一个谜。

火卫一主要被斯蒂克尼撞击坑占据，这个深坑的直径达9千米（约为火卫一长度的三分之一）。火卫一的大部分表面都有平行的沟槽和相互连接的环形山链，直径从几十米到几百米不等。沟槽和环形山链集中在火卫一的轨道前端（靠近斯蒂克尼撞击坑），并沿后端逐渐消失。

人们一度猜测这些奇怪的地貌是由斯蒂克尼撞击产生的，现在则认为它们是由火星受撞击后产生的大量抛出物进一步撞击而形成的。已经有十多个这样的特征家族，经确认每一个都与火星撞击事件有关。

从天文角度来看，火卫一注定会在不久的将来遭到毁灭。它的轨道非常低，潮汐力正在缩短它的轨道距离，令其螺旋式下降。在不到800万年的时间里，火卫一的轨道高度仅为7100千米，低于所谓的洛希极限（Roche limit），而低于这个高度就意味着它将失去其自身的完整引力。这颗小型卫星将因此而解体，形成一个围绕火星的环带。

火卫二在距离火星中心约23,460千米的轨道上运行，周期为30小时18分，与火卫一相比，这颗卫星处于一个"更安全"的地方——潮汐力在发挥实际作用，增加了卫星与火星的距离。

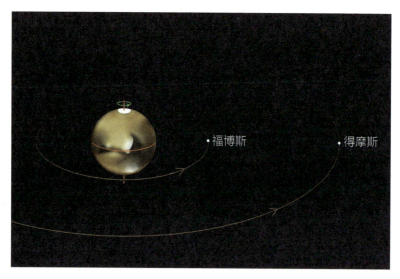

图 5.1　按比例显示的火卫一、火卫二轨道

从火星赤道上看，火卫二在东部缓慢上升，约 60 小时后在西部落下，在此期间，它经过太阳附近（凌日），并多次受到火卫一嗡嗡声的"骚扰"。当它从头顶飞过时，它的视直径只有 2.5 角分，如果没有光学辅助工具，视力再好的人也难分辨出火卫二的相位。从北纬和南纬大于 82.7 度的地方看，火卫二从未升到火星地平线以上的位置。

火卫二的形状不规则，体积为 15×12.2×10.4 立方千米，表面积为 1400 平方千米（与希腊罗得岛的面积大致相同）。与火卫一一样，火卫二的光谱也类似于 C 型或 D 型小行星。它没有火卫一那么明显的撞击坑——它的大多数撞击坑直径都小于 2.5 千米——而且其表面被厚厚的风化层和岩石覆盖（可能有 100 米深），填补了大多数的撞击坑，令这颗卫星看起来非常平整。

第六章

火星地形考

对整个火星表面的勘察将划分成四个面积相等的区域，这些区域以90度宽纵分段的形式覆盖到了北半球和南半球，从火星的本初子午线向西推进。这些区域是阿西达利亚—水手号—阿耳古瑞区（0°~90°W）、阿耳卡狄亚—塔尔西斯—塞壬区（90°W~180°W）、乌托邦—埃律西昂—客墨里亚区（180°W~270°W）以及北方荒原—示巴—希腊区域（270°W~360°W）。前文对极地地区进行了较为详细的讨论。这份考察以描述地形为主，但还是额外纳入了从地质学角度来设定的一些特征信息。

在这四个火星区域中，每一个均是大致按照从北向南、向西的趋势进行考察，并使用了较大的地形特征作为文本中的主要参考点。在主要参考特征或与之相近的特征则是以粗略的逆时针趋势从北面开始考察。为了使叙述更为流畅，这些规则具有概括性质，在必要时会出现一些转移以及毗邻地区的重叠。在初次提及每个特定特征时，都会使用粗体字，接着是该特征中心点的纬度和经度（在括号内），以最接近的度数为准。这一信息通常伴随着该特征的主要尺寸，其直径/长度和/或高度。文本并非详尽无遗，但它涵盖了火星上的所有主要特征，并提到了一些有趣的特征。上述文字还提到了其他地形特征，但为了尽量减少重复，本篇考察中没有提及它们。

特征名称、命名的特征坐标和命名的特征规模均来自美国地质勘探局天体地质学研究计划网站的行星命名索引。

每张区域地图都配有一张带标示的地图，显示出在这次火星地形特征考察中提到的特征，同时还有描述这些特征的字母与编号的关键字。只要在阅读本文时，时不时地去参考这些地图和附带的图片，读者们就不会在这个眼花缭乱的世界中迷失自我。

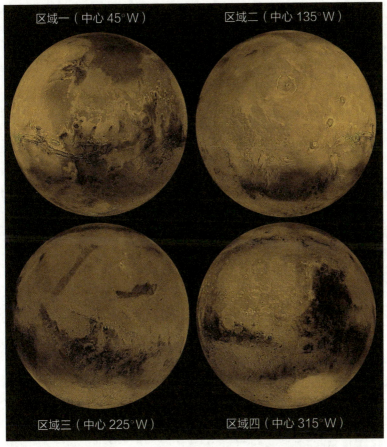

图 6.1 "海盗号"探测器的半球反照率地图显示出火星的四个区域（顶部为北方）。图片源自美国国家航空航天局/谷歌地球/彼得·格雷戈。

6.1 | 关于坐标的说明

本篇考察中的每张地图和图像都是以上方为北、左侧为西的方式呈现。为避免混淆，这些地图涵盖了本书中可用望远镜观测到的反照率特征指南中所讨论的相同区域。不过还是要注意，这两次考察的命名方式不同。在下文的地形考察中，我使用了国际天文学联合会的官方行星命名法，而本书前文的观测者考察则使用了安东尼亚第的古典命名法。它以反照率特征为基础，至今仍被视觉观察者与成像器广为采用。我们会发现，国际天文学联合会中许多与大型特征有关的命名法都向太空时代之前的命名致敬。仅举一例，索利斯高原的位置与旧地图中索利斯湖的昏暗区域相一致。

本书中的所有坐标均采用西经，自 0 度增加到 360 度。同样的系统共享了相同的本初子午线，用于反照率地图、视觉作品以及 2000 年之前大多数的"官方"地图。长期以来，肉眼观察者采用了这种正西经度——一种使用表面映射坐标的系统，即所谓的"行星表面"系统——来绘制 20 世纪 70 年代"海盗号"探测器所观察到的特征。

然而，美国地质勘探局和美国国家航空航天局后来采用了"行星中心系统"——使用从行星中心测量的坐标——经度向东递增，被用于未来空间探测器的绘图和成像。2000 年，国际天文学联合会认可了行星表面系统和行星中心系统，在这之后产出的地图越来越多地使用了行星中心系统。

另一个系统是基于我们在地球上所使用的系统，给出了正西和正东的方位——0°至180°W（本初子午线以西到180度经线）和0°到180°E（本初子午线以东到180度经线）。这可能有些小小的混乱，但将东边的坐标转换为西边的坐标很简单——只要从360度减去东边的度数即可。

6.2 ┃ 特征类型

坑链 Catena（复数:catenae）:一连串大小大致相似的环形山，有 16 个经过命名。

凹地 Cavus（复数:cavi）: 没有边缘且形状不规则的空洞。有 16 个经过命名。

混杂区 Chaos（复数: chaoses）:一片杂乱无章的"混杂"地形。有 26 个经过命名。

深谷 Chasma（复数:chasmata）:大峡谷,陡峭的山谷与低谷。有 25 个经过命名。

矮丘 Collis（复数: colles）:单座小山或一组小山。有 17 个经过命名。

环形山 Crater（复数: craters）: 一般为圆形洼地，往往带有凸起的边缘，弹射物沉积和次级撞击的特征（撞击坑）。有 990 个经过命名。

山脊 Dorsum（复数: dorsa）:山脊。有 33 个经过命名。

波纹地 Fluctus（复数: fluctūs):类似水流的特征。有 2 个经过命名。

堑沟 Fossa（复数: fossae）: 狭窄的线性沟槽。堑沟群往往呈平行或交叉状态。有 56 个经过命名。

坡地 Labes（复数: labēs）: 一种滑坡特征。有 5 个经过命名。

沟网 Labyrinthus（复数: labyrinthi）: 一个由相互连接的山谷或峡谷组成的区域。有 6 个经过命名。

舌状地 Lingula（复数：lingulae）：呈裂叶状或舌状至高原的延伸地带。有 5 个经过命名。

桌山 Mensa（复数：mensae）：拥有平顶的陡峭高地。有 28 个经过命名。

山 Mons（复数：montes）：山。有 45 个经过命名。

沼 Palus（复数：paludes）：拥有中等反照率平摊区域的古典名称（被现代国际天文学联合会的地图上所采用）。有 4 个经过命名。

山口 Patera（复数：paterae）：复杂或形状不规则的火山口，幅度低，拥有辐射状的通道。有 4 个经过命名。

平原 Planitia（复数：planitiae）：海拔比周围低的平原。有 10 个经过命名。

高原 Planum（复数：plana）：两侧陡峭的平坦高原。有 31 个经过命名。

峭壁 Rupes（复数：rupēs）：悬崖或峭壁。有 23 个经过命名。

断崖 Scopulus（复数：scopuli）：裂叶状的悬崖/峭壁。有 13 个经过命名。

沟脊地 Sulcus（复数：sulci）：类似沟渠的特征，往往发现于近乎平行的特征群带中。有 13 个经过命名。

台地 Terra（复数：terrae）：隆起的巨大陆块。有 11 个经过命名。

山丘 Tholus（复数：tholi）：圆形的山丘或小山。有 18 个经过命名。

沙丘 Unda（复数：undae）：波浪形的沙丘地带。有 5 个经过命名。

峡谷 Vallis（复数：valles）：通常是由水流冲刷形成的蜿蜒山谷。某些情况下，经构造运动形成了较大的山谷。有 136 个经过命名。

广低平原 Vastitas（复数：vastitates）：大型的低地平原。有 1 个经过命名。

6.3 区域1：阿西达利亚—水手号—阿耳古瑞区（0°~90°W）

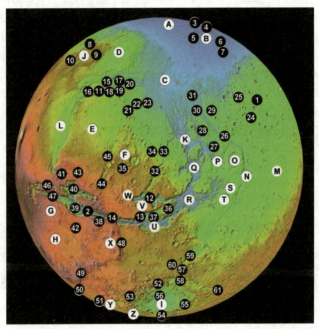

图6.2 区域1地图，以（赤道，45°W）为中心，展示了文字说明中提到的特征。
关键词：（按考察中首次提到的顺序）A.北方荒原；B.阿西达利亚平原；C.克律塞平原；D.滕比台地；E.卢娜高原，萨克拉山脊群；F.克珊忒台地；1.贝克勒耳；2.水手号峡谷群；G.西奈高原；H.索利斯高原，索利斯山脊群；I.阿耳古瑞平原；3.罗蒙诺索夫；4.库诺夫斯基；5.阿西达利亚小丘群；6.以拉他，洛塔；7.阿兰达斯；8.玛莱奥提斯堑沟群；9.滕比堑沟群；J.阿斯库里斯高原；10.雷克霍特，冈努斯山，塔娜伊卡山脉，塔纳伊斯堑沟群，巴菲拉斯坑链；11.卡塞峡谷群；K.克律塞混杂地；12.恒河深谷；13.卡普里深谷；14.科普莱特斯深谷；L.厄科耳堑沟群，厄科深谷；15.洛博峡谷；16.萨克拉桌山；17.沙罗诺夫；18.卢娜桌山；19.尼罗角堑沟群；20.绒辖；21.克珊忒山脉，韦德拉峡谷群；22.莫米峡谷群，克珊忒断崖；23.亚穆纳山脊群；24.特鲁夫洛；25.茅尔斯峡谷；M.子午高原；26.阿瑞斯峡谷；N.亚尼混杂地；O.阿拉姆混杂地；27.伽利略，巴尔苏科夫，锡林卡峡谷；P.海达斯皮斯混杂地；28.萨

根，马苏尔斯基；29. 奥克夏小丘群；30. 奥赖比；31. 瓦胡，尤蒂，沃巴什；Q. 海德拉奥提斯混杂地；32. 奥森·韦尔斯；33. 沙尔巴塔纳峡谷；34. 纳内迪峡谷群，叙帕尼司峡谷群；35. 马奇，R. 奥罗拉混杂地；S. 珍珠台地；T. 珍珠混杂地；U. 厄俄斯混杂地；36. 厄俄斯桌山；37. 卡普里桌山；V. 奥罗拉高原；W. 俄斐高原，俄斐坑链群；X. 陶玛西亚高原，费利斯山脊群；38. 科普莱特斯坑链；39. 梅拉斯深谷；40. 坎多尔深谷，俄斐深谷；41. 赫柏斯深谷；42. 梅拉斯山脊群；43. 青春山脊群；44. 青春深谷；45. 墨戈峡谷群；46. 提托诺斯深谷，提托诺斯坑链群；47. 尤斯深谷，卢罗斯峡谷群；48. 内克塔堑沟群；49. 科拉奇斯堑沟群；50. 陶玛西亚堑沟群；51. 洛厄尔；52. 涅瑞伊德山脉；53. 博斯普鲁斯峭壁；54. 查瑞腾山脉；55. 伽勒；56. 胡克；57. 邦德，乌兹博伊峡谷；58. 海尔；59. 霍尔登；60. 尼尔加尔峡谷；Y. 阿俄尼亚高原；Z. 银色高原；61. 洛泽。请注意，字母指的是扩展区域的特征，如荒原、台地、平原、混杂区、沼泽和高原，而数字指的是所有其他特征。 图片源自美国国家航空航天局 / 谷歌地球 / 彼得·格雷戈。

在本篇考察的四个区域中，最具特色、特征最丰富多样的就要数区域 1 了。在北部，有一大片 V 形且相对平坦的低地，包括**北方荒原**（89.8°N，0°；3500 千米）的一部分、**阿西达利亚平原**（45.5°N，25.5°W；3363 千米）和**克律塞平原**（28.4°N，40.3°W；1542 千米），侵入了两片更高地势的中间——也就是**滕比台地**（39.0°N，70.6°W；1955 千米）、**卢娜高原**（10.9°N，65.5°W；1818 千米）与**克珊忒台地**（1.6°N，48.1°W；1868 千米）以西，以及**贝克勒耳**（22.3°N，8.0°W；171 千米）附近的撞击坑高地以东。南部的克律塞平原由一系列山谷所串联，一直到**水手号峡谷群**（14.2°S，58.6°W；3761 千米）最东端的深谷群。水手号峡谷群以南是**西奈高原**（13.7°S，87.8°W；901 千米）和**索利斯高原**（26.7°S，89.7°W；1811 千米）。**阿耳古瑞高原**（50.2°S，43.3°W；893 千米）占据了中南部地区。

在 60°N 之上，0° 到 80°W 之间，北方荒原的低地达到了最低水平，某些地方比基准线还低了 4 千米，比一些大型撞击坑的底部还要低，如位于北极圈以南的**罗蒙诺索夫撞击坑**（65.3°N，9.2°W；131 千米）。它是火星这一特定区域内所发现的最大型的陨石撞击坑。**库诺夫斯基撞击坑**（56.8°N，9.7°W；67 千米）位于罗蒙诺索夫撞击坑以南 480 千米处。这两个撞击坑在平淡的地貌中显得尤为突出。在库诺夫斯基撞击坑的西南方、阿西达利亚平原的北部展示了**阿西达利亚小丘群**（50.1°N，23.1°W；356 千米）的丘陵地形。人们认为这片地区在地表下储存有大量的冰，以其带有裂叶状喷射物系统的环形山而闻名。其中有**以拉他**（45.9°N，13.7°W；13 千米）、**洛塔**（46.4°N，11.9°W；15 千米）和**阿兰达斯撞击坑**（42.7°N，15.0°W；25 千米），它们拥有明显的"泥浆飞溅"的纹路。

　　滕比台地也被认为在地表下储存有大量的冰，在塔尔西斯高地东北部形成了一片延伸出去的高坡地。滕比台地的西部明显高于东部，它被西南—东北走向的**玛莱奥提斯堑沟群**（43.7°N，75.3°W；1860 千米）和**滕比堑沟群**（39.9°N，71.4°W；2000 千米）的裂谷所分割，后者一部分呈弧形环绕着**阿斯库里斯高原**（40.4°N，80.8°W；500 千米）东部边界。沿着阿斯库里斯高原北部边缘（滕比台地的西半部），可以看到陡峭的悬崖、桌山和高原地带。在这里，在经过填充改变的**雷克霍特撞击坑**（40.5°N，86.3°W；53.2 千米）以西不远处，有一组山脉，包括**冈努斯山**（41.3°N，91.0°W；57 千米，基准面以上 2890 米）的独立三角形山体和**塔娜伊卡山脉**（39.5°N，91.1°W；177 千米，1980米）的细长山脊。雷克霍特以南在**塔纳伊斯堑沟群**（38.9°N，86.6°W，166 千米）中还有塌陷的细长山谷**巴菲拉斯坑链**（39.2°N，84.2°W；96 千米）。

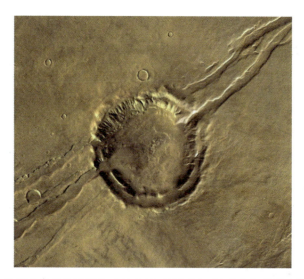

图 6.3　这座未命名的环形山（41.8°N，77.2°W；29 千米）被滕比堑沟群的一道裂谷穿过。后来，沉淀物沿着堑沟的底部被带走，沉积在环形山底部。图片源自美国国家航空航天局 / 喷气推进实验室 / 彼得·格雷戈。

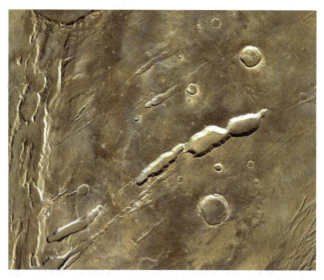

图 6.4　巴菲拉斯坑链（中）和塔纳伊斯堑沟群（左）。图片源自美国国家航空航天局 / 喷气推进实验室 / 彼得·格雷戈。

毗邻卢娜高原的皱褶高地与**萨克拉山脊群**（9.8°N，66.3°W；1630千米）、环形山遍布的克珊忒台地一同构成了一块有大陆规模的"岛"，其北面是有众多河道的**卡塞峡谷群**（24.4°N，65.0°W；1780千米），东面是克律塞平原、**克律塞混杂地**（15.7°N，35.7°W；1720千米）和**恒河深谷**（7.9°S，48.1°W；584千米），南面是**卡普里深谷**（9.8°S，43.3°W；1275千米）和**科普莱特斯深谷**（13.3°S，361.4°W；966千米），西面是轮廓清晰的**厄科低地**。

卡塞峡谷群曾经将融水自西部排入克律塞平原，形成了火星上最大的河流通道系统。其北部的主要组成部分**洛博峡谷**（26.9°N，61.2°W；102千米）在**萨克拉桌山**（24.5°N，68.1°W；580千米）和**沙罗诺夫撞击坑**（27.0°N，58.6°W；102千米）的流线型透镜状高原以北蜿蜒，而它的南部分支则向着这些特征的南面挺进，绕过**卢娜桌山**（24.0°N，62.6°W；117千米），再向**尼罗堑沟群**（24.8°N，57.8°W；265千米）的北面挺进，一直到一座水滴状的"岛屿"，其前方正是**绒辕陨击坑**（26.3°N，55.5°W；22千米）。

克珊忒山（18.4°N，54.5°W；500千米，低于基准面1620米）在克律塞平原西南边缘形成了一个弧形的山地，它是曾环绕克律塞撞击盆地的一道大环的一部分。这些山脉被一些河流通道所切割，包括**韦德拉峡谷群**（19.2°N，55.6°W；115千米），以**莫米峡谷群**（19.5°N，53.2°W；350千米）的形式延伸到克律塞平原。在这个地区可以看到更多克律塞多环撞击盆地的残迹，包括**克珊忒断崖**（19.3°N，52.6°W；57千米）和**亚穆纳山脊群**（20.9°N，50.4°W；49千米）。

在环形山遍布的阿西达利亚平原南部高地有几个大型撞击坑，包括贝克勒耳和**特鲁夫洛撞击坑**（16.2°N，13.1°W；155千米），这两个撞击坑的底部都有巨大的环形山。**茅尔斯峡谷**（22.4°N，16.5°W；636 千米）有一条蜿蜒的河道自特鲁夫洛的侧面向西北延伸。再往南，有一片地势较高、环形山较少的高地被命名为子午高原，因为它就位于赤道上的 0° 经线——火星的本初子午线。在西部可以找到几条较大的河道，包括**阿瑞斯峡谷**（10.3°N，25.8°W；1700 千米）和**蒂乌峡谷群**（15.7°N，35.7°W；1720 千米）。

阿瑞斯峡谷从**亚尼混杂地**（2.8°S，17.5°W；434 千米）的崎岖破碎地貌向西北方蜿蜒前进，绕过**阿拉姆混杂地**（2.6°N，21.5°W；277 千米）的东部周边，向克律塞平原扩展，沿途连接着许多小型侧方山谷。其中一条小型支流发源于阿拉姆混杂地——实际上是一个有着崎岖底部的大型环形山——横穿阿拉姆的东壁。这一地区的其他环形山也显示了切开山壁的峡谷，包括位于**伽利略峡谷**（5.6°N，27.0°W；137 千米）西南山壁的一座峡谷，它与**海达斯皮斯混杂地**（3.2°N，27.1°W；355 千米）相接，还有一座峡谷位于**巴尔苏科夫撞击坑**（7.9°N，29.1°W；72 千米）北面山壁，被称为**锡林卡峡谷**（8.9°N，29.2°W；140 千米）。在阿拉姆以北和阿瑞斯峡谷的中间点，有一片长约 340 千米，面向东方的无名裂叶状山脊，它穿过了一些之前就存在的撞击坑——可能是克律塞撞击盆地其中一个环的残迹。在阿瑞斯峡谷的对面（西面），**萨根撞击坑**（10.7°N，30.7°W；98 千米）以其干净利落的外观、中央的峰环和起伏的喷射物，与**马苏尔斯基撞击坑**（12.0°N，32.4°W；118 千米）形成了很好的对比。马苏尔斯基是一个较古老的撞击坑，其南壁已经完全被打破，底部被物质覆盖，后来被侵蚀成为大片的小型角状桌山，而有一座峡谷，即蒂乌峡谷群的一部分，穿过了其北壁。

图 6.5　阿拉姆混杂地（靠近中心的圆形特征），其东面是阿瑞斯峡谷，南面是亚尼混杂地，西面是海达斯皮斯混杂地。图片源自美国国家航空航天局/喷气推进实验室/彼得·格雷戈。

当阿瑞斯峡谷向北延伸时，在**奥克夏小丘群**（21.5°N，26.7°W；569千米）所占据的低矮起伏的平原西部经过许多流线型的"岛屿"和环形山。其中包括位于阿瑞斯峡谷山口的**奥赖比**（17.2°N，32.4°W；33千米），再往北是**瓦胡撞击坑**（23.3°N，33.6°W；67千米）、**尤蒂撞击坑**（22.2°N，34.2°W；20千米）和**沃巴什撞击坑**（21.4°N，33.7°W；42千米），后三者都显示出一层裂叶状的喷射物。

在克律塞南部与阿瑞斯峡谷相连的是蒂乌峡谷群宽阔的河道，这些河道与克律塞混杂地更南边杂乱的低地相连。而混杂地又与**海德拉奥提斯混杂地**（0.8°N，37.4°W；418千米）鲜明拼凑的地貌相连。克珊忒台地的环形山平原上有许多蜿蜒的山谷。沙尔巴塔纳峡谷自奥森·韦尔斯撞击坑东北部的边缘溢出，通往克律塞混杂地。与之大致平行的是**纳内迪峡谷群**（4.9°N，

49.0°W；508 千米），其复杂狭窄的蜿蜒山谷与**叙帕尼司峡谷群**（9.5°N，46.7°W；231 千米）的类似系统相连。这一区域最大的撞击坑之一，**马奇**（0.6°N，55.3°W；211 千米），位于奥森·韦尔斯以西约 500 千米处。

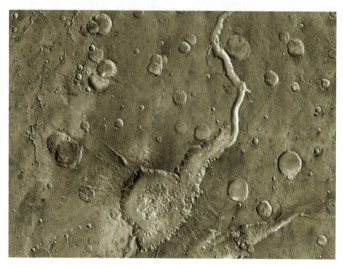

图 6.6　沙尔巴塔纳峡谷从奥森·韦尔斯撞击坑溢出。在最左边可以看到更窄的纳内迪峡谷群。图片源自美国国家航空航天局／喷气推进实验室／彼得·格雷戈。

接下来，我们将继续研究水手号峡谷群内和周围更广袤的亚赤道峡谷系统。首先是**奥罗拉混杂地**（8.9°S,35.3°W;750 千米），这是一个下沉的低地区域，位于**珍珠台地**（4.9°S，25.0°W；2600 千米）。**珍珠混杂地**（8.6°S，21.6°W；390 千米）处于比奥罗拉混杂地更高的水平位置，其表面显示出的沉降程度并没有那么严重。奥罗拉混杂地覆盖面广，其地表与诸多其他混杂地相比更类似小丘群。它还与北部和西部的峡谷系统相连。

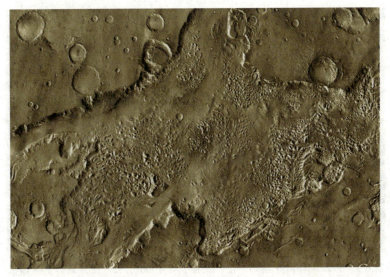

图 6.7 奥罗拉混杂地地形图。图片源自美国国家航空航天局 / 喷气推进实验室 / 彼得·格雷戈。

奥罗拉混杂地在西部有分支。北部分支经过卡普里深谷延伸到恒河深谷，而更宽广的南部分支则延伸到厄俄斯深谷和**厄俄斯混杂地**（16.6°S，48.9°W；490 千米）。两条分支勾勒出了**厄俄斯桌山**（10.9°S，42.2°W；390 千米）和**卡普里桌山**（13.9°S，47.4°W；275 千米）的大型"岛屿"台地，再重新汇合，其底部降到了基准面与周围高地以下，与**奥罗拉高原**（10.4°S，49.2°W；600 千米）汇合。这标志着科普莱特斯深谷的入口——横跨经度 16 度，几乎是自西向东的方向，是水手号峡谷群系统中最长的一道裂谷。科普莱特斯深谷宽达数百千米，有些地方深达 9 千米，它有一个保存完好的谷底，和其他诸多的火星峡谷不同，没有被大堆的各种分层沉积物填满。

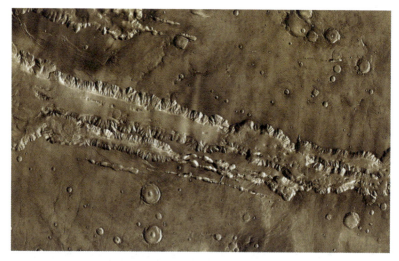

图 6.8　科普莱特斯深谷地形图，深谷长近 1000 千米。图片源自美国国家航空航天局 / 喷气推进实验室 / 彼得·格雷戈。

科普莱特斯深谷以北是**俄斐高原**（8.7°S，57.5°W；650 千米），这是一个相对平坦的高地平原，上面布满了一些自西向东的坑链，也就是**俄斐坑链群**（9.5°S，59.4°W；577 千米）。在科普莱特斯深谷的南部，有隆起的**陶玛西亚高原**（24.5°S，64.3°W；650 千米）的山脊高地，科普莱特斯坑链位于其北部边界。在这里，以及毗邻的索利斯高原东部的无垠平原上，有呈南北走向的宽广山脊群：**费利斯山脊群**（21.9°S，65.9°W；783 千米）、**索利斯山脊群**（23.1°S，79.8°W；878 千米）和**梅拉斯山脊群**（18.3°S，71.7°W；560 千米）。位于俄斐深谷以北的**青春山脊群**（0.1°S，71.4°W；519 千米）也有类似的山脊系统，这些山脊都是大约在同一时间由地壳压缩所形成。

科普莱特斯深谷延伸到水手号峡谷群的一半位置时，扩大为**梅拉斯深谷**（10.3°S，72.7°W；547 千米）。它向北延伸至**坎多尔深谷**（6.5°S，68.9°W；813 千米）与**俄斐深谷**（4.0°S，72.5°W；317

千米）的下陷地貌。北部有独立的**赫柏斯深谷**（1.1°S，76.2°W；319 千米），再往东是**青春深谷**（3.5°S，61.4°W；320 千米），其河道向北穿过卢娜高原东部进入**墨戈峡谷群**（12.5°N，58.3°W；1516 千米）。

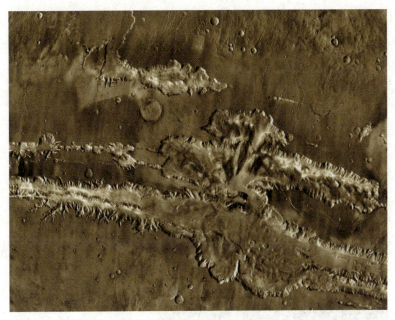

图 6.9　西部的水手号峡谷群地形图。包括梅拉斯深谷、坎多尔深谷、俄斐深谷和赫柏斯深谷。峡谷沿着尤斯深谷与提托诺斯深谷进一步向西收窄。图片源自美国国家航空航天局／喷气推进实验室／彼得·格雷戈。

　　在梅拉斯深谷的西部，峡谷系统变窄，平行的峡谷在北部成为**提托诺斯深谷**（4.6°S，84.7°W；810 千米），在南部成为**尤斯深谷**（6.9°S，85.8°W；938 千米），被一座狭窄的高原分开，高原上的**提托诺斯坑链**（5.3°S，82.4°W；567 千米）呈现出一串令人瞩目的塌陷坑。尤斯深谷陡峭的山壁显露出许多较小的侧谷，其中值得注意的是其南侧的**卢罗斯峡谷群**（8.4°S，82.0°W；517 千米）。

有一座未经命名的巨型高地山脊标志了索利斯高原的对面（南部）边界，长3500千米，有些地方宽500千米，在南部被南北走向的峭壁和堑沟群切开。这座山脊环绕陶玛西亚高原的南部和东部边界，那处的堑沟群呈东西走向。沿这条山脊的特征包括（从东到西）**内克塔堑沟群**（24.3°S，57.4°W；650千米）、**科拉奇斯堑沟群**（35.6°S，70.6°W；780千米）和**陶玛西亚堑沟群**的北部延伸地带（47.2°S，92.7°W；1028千米）。巨大的双环撞击坑**洛厄尔**（52.0°S，81.4°W；203千米）坐落在陶玛西亚堑沟群的东南边缘，令人印象深刻。

阿耳古瑞平原是火星上最大、保存最完整的多环撞击盆地之一。人们可以看到，有数个环状结构围绕着一个相对平坦的内层

图6.10 洛厄尔撞击坑的"牛眼"地形图。图片源自美国国家航空航天局/喷气推进实验室/彼得·格雷戈。

平原，宽约 700 千米。在该结构与外环之间，能看到北部的**涅瑞伊德山脉**（38.6°S，44.0°W；1130 千米）、西北部的**博斯普鲁斯峭壁**（42.9°S，57.6°W；507 千米）和南部的**查瑞腾山脉**（58.0°S，40.2°W；850 千米），另外还存在一大片地势复杂的山丘和呈放射状的山脉，这一特征在最初是由撞击造成的，但后来由于河流侵蚀而加剧。有两个巨大的撞击坑与内环重叠，即东部的双环结构**伽勒撞击坑**（50.9°S，30.9°W；230 千米）和北部的**胡克撞击坑**（44.9°S，44.4°W；139 千米）。通过**邦德撞击坑**（32.9°S，36.0°W；111 千米），**乌兹博伊峡谷**（29.5°S，37.1°W；366 千米）河道将阿耳古瑞盆地北部外圈的**海尔撞击坑**（35.8°S，36.5°W；149 千米）与**霍尔登撞击坑**（26.1°S，34.0°W；154 千米）相连。自阿耳古瑞盆地北部的撞击坑平原流入这座峡谷的是狭窄蜿蜒的"河床"**尼尔加尔峡谷**（28.1°S，42.0°W；496 千米）。

博斯普鲁斯峭壁位于博斯普鲁斯高原布满撞击坑的东部平原。其南部有两个地势较低、撞击坑较少的平原：**阿俄尼亚高原**（57.7°S，79.0°W；650 千米）和**银色高原**（69.8°S，68.0°W；1750 千米）。阿尔古瑞平原以南、以东的高地上，上至本初子午线，除了各种大小不一的撞击坑，几乎没有其他值得关注的地方。从伽勒撞击坑到**洛泽撞击坑**（43.4°S，16.8°W；156 千米）之间偶然排列的 4 个大型撞击坑延伸距离为 875 千米。

6.4 区域2：阿耳卡狄亚—塔尔西斯—塞壬区（90°W~180°W）

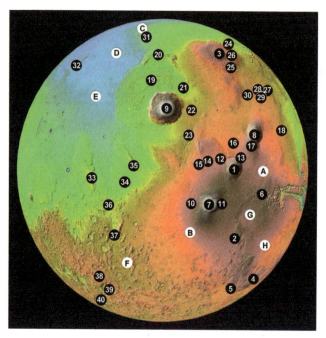

图6.11 区域2地图，以（赤道，135°W）为中心，展示了文字说明中提到的特征。关键词（按考察中首次提到的顺序）：A.塔尔西斯；1.塔尔西斯山，孔雀山；B.代达利亚高原；C.北方荒原，米兰科维奇；D.阿耳卡狄亚平原；E.亚马孙平原；F.塞壬台地；2.克拉里塔斯峭壁，克拉里塔斯堑沟群；G.叙利亚高原；H.索利斯高原；3.阿尔巴山，阿尔巴山口；4.科拉奇斯堑沟群；5.陶玛西亚堑沟群；6.诺克提斯沟网，诺克提斯堑沟群；7.阿尔西亚山；8.阿斯克劳山；9.奥林匹斯山，彭格博切，克尔佐克；10.阿伽尼佩堑沟，阿尔西亚沟脊地；11.奥蒂堑沟群；12.孔雀沟脊群；13.孔雀堑沟群，孔雀深谷；14.尤利西斯山丘，尤利西斯山口；15.比布利斯山丘，比布利斯山口；16.坡印廷；17.阿斯克劳深谷群；18.塔尔西斯山丘；19.吕科斯沟脊地；20.阿刻戎堑沟群；21.库阿涅沟脊地；22.戈尔迪沟脊群；23.吉加斯沟脊地；24.坦塔罗斯堑沟群；25.刻拉尼俄斯堑沟群；26.佛勒革同坑链，阿刻戎坑链；27.乌拉纽斯山；28.乌拉纽斯山丘；29.刻拉尼俄斯山丘；30.特拉克

图斯堑沟群，特拉克图斯坑链；31.阿耳卡狄亚山脊群；32.厄瑞玻斯山脉；33.欧墨尼得斯山脊；34.亚马孙桌山；35.戈尔迪山脊；36.曼加拉峡谷群；37.曼加拉堑沟；38.塞壬堑沟群；39.牛顿撞击坑；40.哥白尼撞击坑。请注意，字母指的是扩展区域的特征，如荒原、台地、平原、混杂区、沼泽和高原，而数字指的是所有其他特征。图片源自美国国家航空航天局/喷气推进实验室/谷歌地球/彼得·格雷戈。

　　该区域的主要特征是塔尔西斯巨大的地壳隆起。这是对以100°W为中心的普遍地区的称呼（一个反照率特征）。在这里，塔尔西斯指的是以塔尔西斯为中心的整个隆起地带，包括北部的**阿尔巴地区**和**代达利亚平原地区**（21.8°S，128.0°W；1800千米）以及南部的索利斯平原。塔尔西斯宽约4400千米，横跨赤道，位于60°W~140°W之间，覆盖面积超过1500万平方千米。其平均高度达到了基准面以上10千米，有些地方甚至超出20千米。

　　塔尔西斯以北是北方荒原的低地，而其西部则是**阿耳卡狄亚平原**（46.7°N，168.0°W；2200千米）和**亚马孙平原**（24.8°N，164.0°W）的低地平原。塔尔西斯的西南坡面被众多平行于塔尔西斯隆起的山脊和各种堑沟群穿过，亚马孙平原将塞壬台地的环形山高地与代达利亚高原较平坦的斜坡高地分开。而塔尔西斯的南部则被一道巨大的弧形山脊一分为二，将代达利亚高原、索利斯高原和南部的环形山高地分开。在西部，这条山脊被**克拉里塔斯峭壁**（25.7°S，105.4°W；924千米）庞大的西向悬崖和南北走向的**克拉里塔斯堑沟群**（31.2°S，104.1°W；2050千米）切割。而其南部高地则被**科拉奇斯堑沟群**（35.6°S，80.6°W；780千米）和**陶玛西亚堑沟群**（47.2°S，92.7°W；1028千米）的北部延伸地带横跨。在北部，山脊与水手号峡谷群的西部延伸地带相接，就是**诺克提斯沟网**（6.9°S，102.2°W；1263千米）纷繁杂乱的峡谷网络。

塔尔西斯是火星上最广袤的火山区，有太阳系中一些最雄伟的盾状火山。由于亚马孙纪的地表相对年轻，塔尔西斯没有大型的撞击坑。其拥有的大型环形山是破火山口。位于西南—东北方向的三座火山组成了**塔尔西斯主火山**（1.2°N，112.5°W；1840千米），它们分别为**阿尔西亚山**（8.3°S，120.1°W；宽435千米，高于基准面17.9千米）、**孔雀山**（0.8°N，113.4°W；375千米，14.0千米）和**阿斯克劳山**（11.8°N，104.5°W；460千米，18.2千米）。

图6.12　塔尔西斯山地形图。左上方为奥林匹斯山，右下方为诺克提斯沟网。图片源自美国国家航空航天局／喷气推进实验室／彼得·格雷戈。

　　阿尔西亚山是塔尔西斯山脉最靠南的一座山，占地面积为148,000平方千米，其体积是地球上最大的火山夏威夷莫纳罗亚山的30倍。它耸立于四周高地之上，顶部是一个宽达110千米的圆形破火山口。部分证据表明，阿尔西亚山的地表下存在冰川。在破火山口以西，有一系列山脊和裂叶状地貌覆盖在古老的地表特征上，它们被解释为冰川消退时留下的冰碛。在火山侧峰能发现一些崩塌特征，包括从破火山口边缘向南延伸的坑链和在北坡的通道，还发现数个陷坑和洞口（平均宽度为 100 米）。**阿伽尼佩堑沟**（8.2°S，126.2°W；532 千米）是一条南北向的大沟，穿过了**阿尔西亚沟脊地**（6.0°S，128.9°W；475 千米）的沟壑地形，通往阿尔西亚山西部，在东部可以发现与**奥蒂堑沟群**（9.2°S，116.8°W；370 千米）平行的沟渠。

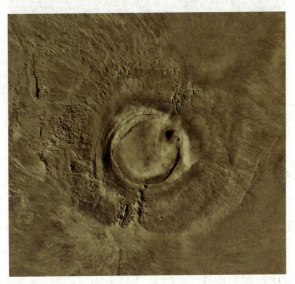

图 6.13　阿尔西亚山，塔尔西斯山脉中最靠南的一座山的地形图。图片源自美国国家航空航天局 / 喷气推进实验室 / 彼得·格雷戈。

孔雀山位于塔尔西斯山脉中心，刚好处于火星赤道上。这座盾状火山的顶部有一个 80 千米宽的古老破火山口，在其范围内的西南位置有一座规模更小、更晚形成也更鲜明的圆形环形山，直径为 47 千米。与毗邻的盾状火山一样，环形山的外侧被脊沟、堑沟群和深谷群所贯穿，也就是以西的**孔雀沟脊群**（4.0°N，116.5°W；429 千米）。以北则是**孔雀堑沟群**（4.1°N，111.5°W；168 千米）的平行沟渠和**孔雀深谷群**（2.7°N，111.2°W；45 千米）。

图 6.14　孔雀山，塔尔西斯山脉的中心火山的地形图。图片源自美国国家航空航天局 / 喷气推进实验室 / 彼得·格雷戈。

　　在孔雀山附近有诸多有趣的特征。在其以西 500 千米的位置有两座小型火山，分别为**尤利西斯山丘**（2.9°N，161.6°W；102 千米）和**比布利斯山丘**（2.7°N，164.6°W；172 千米）。每一座的顶部都有一个长达 50 千米的破火山口，即尤利西斯山口和比布利斯山口。尤利西斯山丘的北面还有一个宽达 30 千米、未经命名的撞击坑，它是整片区域内为数不多的大型撞击坑之一。还有一个更大的撞击坑，**坡印廷撞击坑**（8.3°N，112.9°W；74 千米）位于孔雀山以北 380 千米处。

图 6.15 坡印廷撞击坑，塔尔西斯地区最大的撞击坑之一的地形图。图片源自美国国家航空航天局/喷气推进实验室/彼得·格雷戈。

阿斯克劳山是塔尔西斯大型山脉中最高的山，位置也最靠北。它的破火山口结构复杂，包括一个年轻的中央深坑，跨度达30千米，上面覆盖着4个形成更早、体量更小的破火山口，令这个系统呈现出裂叶状、如花朵般的外观。人们认为，中央的破火山口大约有1亿年历史，而其他的破火山口大约形成于2亿、4亿和8亿年前。与塔尔西斯山脉的其他山一样，阿斯克劳山被一系列弧形台地所包围，这些台地由地壳压缩和冲断裂作用所形成。与它的姐妹火山一样，阿斯克劳山的西侧也有一片由弧形山脊环绕的扇形崎岖地带，人们认为它们由冰川沉积物构成。在火山东北部和西南部底部，有几组具有巨大山头的蜿蜒山谷，包括**阿斯克劳深谷**（8.7°N，155.7°W；110千米）；在某些情况下，这些河道穿过狭窄的弧形山谷，经过地壳张力作用，与火山呈同心状态。

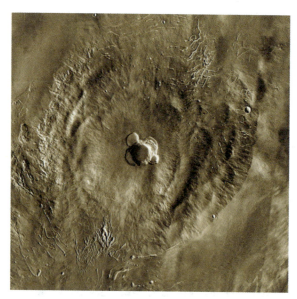

图 6.16 阿斯克劳山，位于塔尔西斯山脉最靠北的位置。图片源自美国国家航空航天局 / 喷气推进实验室 / 彼得·格雷戈。

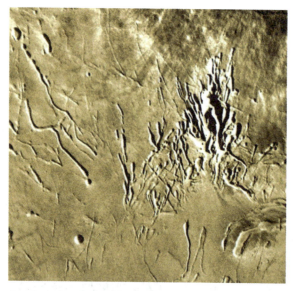

图 6.17 阿斯克劳深谷，位于阿斯克劳山西南方。图片源自美国国家航空航天局 / 喷气推进实验室 / 彼得·格雷戈。

在阿斯克劳山以东770千米处，小型火山**塔尔西斯山丘**（13.4°N，90.8°W；158千米）高出周围平原8千米。它由一个宽达45千米的中央破火山口组成，叠加在两个交汇的弧形山脊之上，看上去是更早期破火山口的遗迹。就在塔尔西斯隆起主体的西北部是宏伟的**奥林匹斯山**（18.4°N，134.0°W；648千米），它是太阳系中最大型的盾状火山。其基座覆盖面积约为300,000平方千米（与意大利差不多大）。奥林匹斯山上升到火星平均表面水平线上21千米处（在基准面以上22千米）。其外坡平均倾斜度为6度，向山峰的坡度略有增加，因而从轮廓上看，它拥有一个略微凸起的外观。其顶峰扁平，从山的中心向东偏移了大约20千米。山顶上有一串6个相连的破火山口，从东北到西南85千米，从西北到东南60千米。人们认为，这些破火山口形成于3.5亿至1.5亿年前，每一个的形成都间隔了不到1亿年的时间。最大的破火山口形成了一座独立的熔岩湖，熔岩来自位于破火山

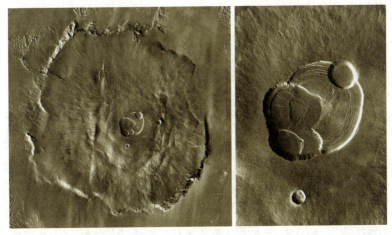

图6.18　奥林匹斯山和其结构复杂的破火山口特写。图片源自美国国家航空航天局/喷气推进实验室/彼得·格雷戈。

口底部约 32 千米处的岩浆室。

尽管从轨道上拍摄的图像看起来令人印象深刻，但从火星地面上看，奥林匹斯山并没有让人感到惊艳。如果宇航员站在山坡上看就会发现，自己难以感受到这座火山的庞大——事实上，从其底部看，奥林匹斯山的山顶会远远超出几乎平坦的地平线。

奥林匹斯山的上坡上有两个相当巨大的撞击坑——南部的**彭格博切**（17.0°N，133.6°W；10 千米）和**克尔佐克**（18.2°N，131.9°W；16 千米）。

除了在形状上不对称外，在奥林匹斯山两侧看到的结构也有不同之处。在更浅的西北坡发现了由地壳张力形成的特征，包括坍塌和正断层，它们产生了数个突出的峭壁。而在较陡的东南坡则发现了由逆冲断层形成的山脊和圆弧形台地等压缩特征。奥林匹斯山的底部被一座巨大的断崖所包围，部分地方高达 8 千米。有一条"壕沟"紧挨着这座断崖的底部，在西北部约有 2 千米深。这一特征是奥林匹斯山独有的，可能是由于火山的巨大重量压在地壳上造成的。

还有几片广阔的裂叶状褶皱沟壑地形围绕着奥林匹斯山，它们被称为奥林匹斯山光环。人们认为这圈巨大的裙地是由火山陡峭外缘经滑坡所形成的。往北面和西面，在所暴露光环最广阔的地方（最宽处达 700 千米），是**吕科斯沟脊地**（24.4°N，141.1°W；宽1350 千米）；奥林匹斯山光环的这片区域向一片长达 850 千米的高地弧段靠拢。这片地区布满了**阿刻戎堑沟群**（37.3°N，137.8°W；718 千米）。奥林匹斯山东北部有新月形的**库阿涅沟脊地**（25.5°N，128.7°W；340 千米），东部有**戈尔迪沟脊群**（18.7°N，125.5°W；400 千米），而往东南方向，距离奥林匹斯山边缘 340 千米处，是**吉加斯沟脊地**（9.9°N，127.8°W；398 千米）。

阿尔巴山（40.5°N，109.6°W；530 千米）是一座庞大却矮胖的盾状火山，坡度很低，在 3 度左右。它位于奥林匹斯山东北约 1700 千米处。将火山外部熔岩流所占据的区域作为该特征所覆盖的区域，实际上它大约有 3000 千米宽，从北到南有 2000 千米，面积约为 1,800,000 平方千米。

这座火山与其他大多数火山相比，可能拥有更奇特的起源。与希腊撞击盆地恰恰相反，有人认为，希腊撞击产生的地震波环绕火星，集中在某个特定地点，削弱了地壳，开启了形成阿尔巴山的火山活动。

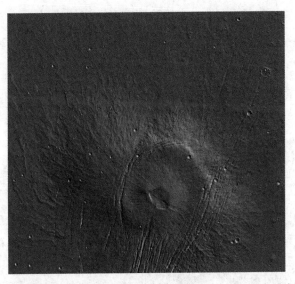

图 6.19　阿尔巴山与周遭的堑沟群地形图。图片源自美国国家航空航天局 / 喷气推进实验室 / 彼得·格雷戈。

在阿尔巴山顶，主破火山口**阿尔巴山口**（39.80°N，109.8°W；136 千米）在其南部的底上有一个较小、变了形的破火山口（50 千米宽），在最深处，破火山口的底部低于其边缘 1200 米。阿尔巴山口在西部的轮廓更为清晰，其陡峭的扇形山壁抬升到 500 米。在阿尔巴山口东侧底部，可以看到一座小型低矮的穹形火山，宽 50 千米，它拥有一个罕见的双环特征，犹如池塘中的涟漪。再往外看，围绕着阿尔巴山的底部，有许多平行的堑沟群和坑链，流势向北的**坦塔罗斯堑沟群**（50.6°N，97.5°W；2400 千米），与向南的**刻拉尼俄斯堑沟群**（29.2°N，109.0°W；1137 千米），两者之间，阿尔巴山以西，有**佛勒革同坑链**（38.9°N，103.3°W；391 千米）和**阿刻戎坑链**（37.3°N，101.0°W；491 千米）。

在刻拉尼俄斯堑沟群以东 500 千米处，阿尔巴山口之外的塔尔西斯平原上，有三座小火山——**乌拉纽斯山**（26.8°N，92.2°W；宽 62 千米，高 4853 米）、**乌拉纽斯山丘**（26.1°N，97.7°W；62 千米，4290 米）和**刻拉尼俄斯山丘**（24.0°N，97.4°W；130 千米，8500 米），它们两侧是成片的堑沟。**特拉克图斯堑沟群**（25.7°N，101.4°W；390 千米）位于西部和**特拉克**

图 6.20　乌拉纽斯山和周边地区地形图。图片源自美国国家航空航天局 / 喷气推进实验室 / 彼得·格雷戈。

图斯坑链（27.8°N，102.7°W；897 千米）呈南北走向，而在乌拉纽斯山的东南方，堑沟群和坑链以不同的角度相互排布。

从地形学角度来看，阿尔巴山以北和以西的地区，由北方荒原和邻近的阿耳卡狄亚平原的低地平原组成。从广泛的地形学角度来看，相对平平无奇，毫无特色。这个地区最大的特征是**米兰科维奇撞击坑**（54.7°N，146.7°W；118 千米），它被**阿耳卡狄亚山脊群**（54.7°N，140.0°W；1900 千米）众多的低势山脊所包围，那道弧线似乎与阿尔巴隆起的轮廓平行。由几十座单独的小山峰组成的**厄瑞玻斯山脉**（35.7°N，175.0°W；785 千米）位于阿耳卡狄亚平原西部，关联的山峰于亚马孙平原西部向南延伸。

亚马孙平原平均低于基准面 3 千米。赤道周围的南段被一些东南—西北走向的宽阔高地、山脊和桌山侵入，包括**欧墨尼得斯山脊**（4.5°N，156.5°W；566 千米）、**亚马孙桌山**（2.0°S，147.5°W；500 千米）和**戈尔迪山脊**（4.5°N，144.1°W；494 千米）；在这些较高地区之间有源自南方的冰川沉积通道。其中值得注意的是**曼加拉峡谷群**（11.5°S，151.0°W；828 千米），其路线有时蜿蜒或交汇，其源头深埋于西南部的塔尔西斯和代达利亚高原的高地。许多平行的线性裂谷横跨了代达利亚高原和其西部的山地环形山高地，其中突出的是**曼加拉堑沟**（17.3°S，146.0°W；688 千米）和非常宽阔的**塞壬堑沟群**（34.6°S，160.9°W；2735 千米）。

一系列山脊标志出撞击坑遍布的塞壬台地的东部边界。这个地区比较突出的撞击坑是**牛顿**（40.8°S，158.1°W；298 千米）和**哥白尼**（49.2°S，169.2°W；294 千米）。牛顿是这对撞击坑中较年轻的一个，坐落在塞壬台地中部宽阔的弧形高地上，是这个地区最深的一个撞击坑。哥白尼受到相当严重的侵蚀，似乎是经历了地壳压缩变形，这股力量形成了其所在地大片南北走向的山脊。

图 6.21　牛顿撞击坑（右上）与哥白尼撞击坑（左下）地形图。图片源自美国国家航空航天局／喷气推进实验室／彼得·格雷戈。

6.5 区域3：乌托邦—埃律西昂—客墨里亚区（180°W~270°W）

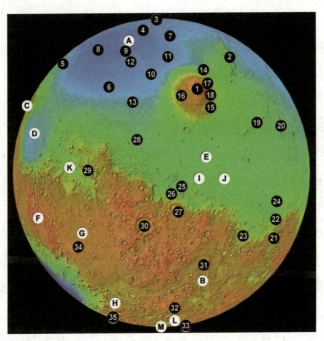

图6.22 区域3地图，以（赤道，225°W）为中心，展示了文字说明中提到的特征。关键词（按考察中首次提到的顺序）：A.乌托邦平原；B.客墨里亚台地；1.埃律西昂山；C.大瑟提斯高原；D.伊希斯平原；2.佛勒格拉山脉；3.潘凯亚峭壁群；4.居奴士峭壁，比韦罗；5.乌托邦峭壁；6.赫菲斯托斯峭壁；7.米氏撞击坑；8.尼尔撞击坑；9.库夫拉撞击坑；10.格拉尼卡斯峡谷群；11.赫拉德峡谷；12.廷札峡谷群；13.赫布罗斯峡谷群，赫菲斯托斯堑沟群；E.埃律西昂平原；14.赫卡忒山丘；15.阿尔沃尔山丘；16.埃律西昂深谷；17.斯堤克斯堑沟群；18.斯堤克斯坑链；19.塔耳塔罗斯山脉；20.俄耳枯斯山口；F.第勒纳台地；G.赫斯珀里亚高原；H.普罗米修斯台地；21.马阿迪姆峡谷；22.古谢夫撞击坑；23.卡希拉峡谷；24.阿波利纳里斯山；I.埃俄利斯高原；J.仄费里亚高原；25.埃俄利斯桌山群；26.盖尔撞击坑；27.维恩撞击坑；28.希布莱乌斯山脊群；K.阿蒙蒂斯高原；29.阿蒙蒂斯峭壁；30.赫歇尔撞击坑；31.莫尔斯沃思撞击坑；32.开普勒撞击

坑；L.克罗尼乌斯高原，艾利达尼亚断崖，塞勒峭壁；33.尤利克西斯峭壁；34.第勒纳山；35.塞奇撞击坑；M.普罗米修斯高原，普罗米修斯峭壁。请注意，字母指的是扩展区域的特征，如荒原、台地、平原、混杂区、沼泽和高原，而数字指的是所有其他特征。图片源自美国国家航空航天局/喷气推进实验室/彼得·格雷戈。

从广义的地形学角度来看，火星的这片区域是四个区域中最易描述的。最明显的是南北半球之间泾渭分明地一分为二。北部为相对平坦、没有环形山的低地平原，主要由**乌托邦平原**（49.7°N，242.0°W；3200千米）占据，与南部**客墨里亚台地**（33.0°S，212.3°W；5856千米）环形山遍地的高地截然分开。坐落在**埃律西昂山**（25.3°N，212.8°W；401千米）上的火山隆起形成了一个中北纬度的高地岛屿。

尽管这绝非一个明显的事实，但乌托邦平原标志着火星上公认最大也是最古老的撞击盆地所在地。这个盆地有3200千米宽，在西南部可以看到盆地昔日的山地外环，那里的地面向**大瑟提斯高原北部**（8.4°N，290.50°W；1350千米）和**伊希斯平原**（13.9°N，271.6°W；1225千米）攀升，往南向客墨里亚台地上升，最突出的地方在东部与**佛勒格拉山脉**（40.4°N，196.3°W；1351千米）接壤。请注意，伊希斯平原和大瑟提斯高原都将在下文的区域4展开更全面的讨论。同心弧状的山脊和悬崖在北部也很明显，包括**潘凯亚峭壁群**（63.7°N，240.0°W；1500千米）。还能追踪到许多长的山脊和悬崖，它们与一片平坦的、自西向东走势的狭长中心区域呈放射状——能勾勒出乌托邦盆地的内环。其中，北部的是**居奴士峭壁**（55.7°N，244.0°W；1600千米），西部的是**乌托邦峭壁**（39.7°N，270.0°W；25,501千米）。在乌托邦盆地南部边缘的宽阔外围地带，也可以找到呈辐射状的山脊，有**赫菲**

斯托斯峭壁（21.8°N，243.0°W；1750千米）。伊希斯盆地的东部形成于乌托邦盆地之后，覆盖了乌托邦的西南部（关于这一点，留待下文的区域4讨论）。

乌托邦的撞击发生在挪亚纪早期，但其低洼的中部地区很快就被约2~3千米深的熔岩流注入了。盆地内的主要火山活动结束于赫斯珀里亚纪早期。位于埃律西昂的大型火山群可能也是由乌托邦撞击引起的，那里的火山活动持续时间较长，一直持续到亚马孙纪早期。南部的排水道喂入了大量水体的沉积物，提供了额外的填充。

米氏撞击坑（48.2°N，220.4°W；104千米）是乌托邦平原内最大的撞击坑，有鲜明的梯状坑壁和多节、呈辐射状的喷射物。其西部地区有大量经过命名的小型撞击坑。如果不是"海盗2号"

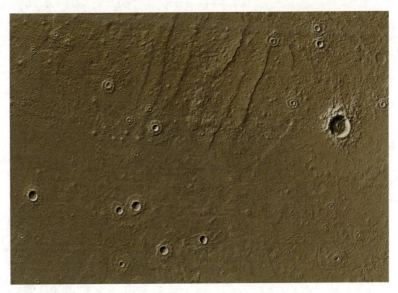

图6.23　乌托邦平原的中央部分地形图，包括米氏撞击坑（右）和居奴士峭壁（上半部分）。注意所有小型撞击坑周围的裂叶状喷射物。图片源自美国国家航空航天局/喷气推进实验室/彼得·格雷戈。

登陆器在此着陆，这些撞击坑就不会有名字（这种命名的情况也反映在其他的火星登陆点上）。在乌托邦众多撞击坑的周围，尤其是在乌托邦中部大型的撞击坑"集群"中，有明显的裂叶状喷射物，包括**比韦罗**（49.0°N，241.2°W；28 千米）、**尼尔**（42.8°N，254.0°W；47 千米）和**库夫拉**（40.4°N，239.7°W；38 千米）。

在乌托邦平原及其周围地区可以发现一些河道和峡谷系统。峡谷网络集中在乌托邦西北部一个宽广的弧形区域。而在东北部的中部地区有一条弯曲的河道，包括自埃律西昂隆起下来的**格拉尼卡斯峡谷群**（29.7°N，229.0°W；750 千米）、**赫拉德峡谷**（38.4°N，224.7°W；825 千米）、**廷札峡谷群**（37.7°N，235.8°W；425 千米）、**赫布罗斯峡谷群**（20.0°N，234.0°W；317 千米）和**赫菲斯托斯堑沟群**（20.9°N，237.5°W；604 千米）。

图 6.24　赫菲斯托斯堑沟群的峡谷网络，以及较小的赫布罗斯峡谷群（右）地形图。图片源自美国国家航空航天局／喷气推进实验室／彼得·格雷戈。

埃律西昂山周围穹形火山的隆起宽约 1600 千米，是火星上第二大的火山区。人们经常称这个隆起位于**埃律西昂平原**中心（3.0°N，205.3°W；3000 千米），但事实上，国际天文学联合会所承认的埃律西昂平原的范围位于其以南的刻耳柏洛斯地区。巨大的撞击开辟出乌托邦盆地，火山活动由此开启，它也可能被后来的阿耳古瑞和希腊撞击进一步触发。埃律西昂的穹形火山规模比塔尔西斯（位于其东部 5500 千米处）的小。主要的火山为埃律西昂山（高于基准面 13,860 米）、其北部的**赫卡忒山丘**（32.1°N，209.8°W；宽 183 千米，高 4720 米），还有**阿尔沃尔山丘**（18.8°N，209.6°W；170 千米，4500 米）。

埃律西昂山与它所突出的宽阔穹状地区中心相抵。有一个宽 15 千米的破火山口覆盖在火山上，更为陡峭的上坡有熔岩流

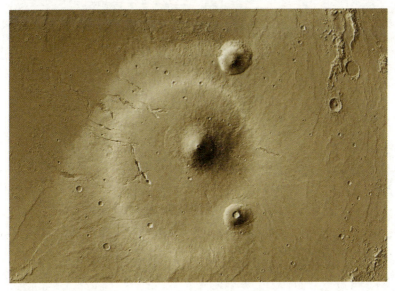

图 6.25 埃律西昂的火山地区地形图。主要为埃律西昂山（中）所占据，还有赫卡忒山丘和阿尔沃尔山丘。图片源自美国国家航空航天局 / 喷气推进实验室 / 彼得·格雷戈。

穿过，并被陡坡和沟壑群所割裂，包括火山中心以西约 170 千米处一道长达 125 千米的陡峭弧形悬崖。有相当数量的峡谷和坑链坐落在其底部的周围，尤其是东部的**埃律西昂深谷**（22.3°N，218.5°W；129 千米）和格拉尼卡斯峡谷群附近，在那里它们汇入了乌托邦平原东南部的低地平原。根据描述，**斯堤克斯堑沟群**（26.6°N，210.3°W；370 千米）在埃律西昂山中心以东约 190 千米处有近乎完美的同心圆弧，其东南部为**斯堤克斯坑链**（23.3°N，209.5°W；66 千米）所占据。

赫卡忒山丘位于埃律西昂山的东北方，它们的底座相距 60 千米。其顶部是一个破火山口（东北—西南方向），最宽处达 10 千米。破火山口由多个重叠的环形山组成，其中规模最小也是最年轻的一个环形山直径为 7 千米，底部低于其南缘 600 米。数座

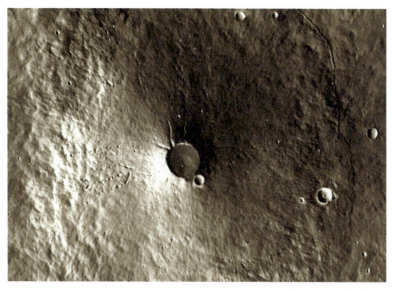

图 6.26　埃律西昂山及其破火山口的地形图（特写）。图片源自美国国家航空航天局／喷气推进实验室／彼得·格雷戈。

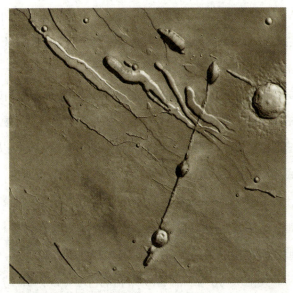

图 6.27　斯堤克斯坑链（两端有塌陷坑的线性特征）穿过埃律西昂山东坡的一组蜿蜒山谷。图片源自美国国家航空航天局／喷气推进实验室／彼得·格雷戈。

狭窄的峡谷（流动特征）和火山引发的坑链群围绕着坑链，破火山口以西有一片保存完好的火山灰沉积，被认为是形成于大约 3.5 亿年前的一次爆炸性喷发。一座 42 千米长（东北—西南）、扇形平底的狭长环形山与赫卡忒山丘的西北部底座相重叠。它可能是一个塌陷特征或是一座爆炸性的环形山，其底部充满了熔岩、风成和河流冲击沉积物。

　　阿尔沃尔山丘是埃律西昂三火山中最小的一座，位于埃律西昂山底座的最东南端。它拥有一个清晰界定的东西向狭长的卵形底座，其 3000 米深的山顶破火山口直径达 30 千米。与其他火山口一样，在它的山坡上能够发现由地壳张力和坑链群形成的堑沟群。在某些情况下，物质落入了空旷的熔岩管道。

　　在埃律西昂山以东约 1800 千米处，在**塔耳塔罗斯山脉**（16.0°N，

193.0°W；1070 千米，低于基准面 940 米）的零星山峰之外，有一座引人注目的**俄耳枯斯山口**（14.2°N，181.5°W；375×158 千米），这是一座南北向的狭长环形山。其起源尚不确定，可能是一个连在一起或角度较低的撞击创口，或者（更可能）是一个崩塌火山的特征。在俄耳枯斯山口形成之后，地壳发生区域性抬升，形成了数道东西向的裂缝。可以在这一特征的两侧发现它们，其中一条可以一直追踪到其底部。

位于区域 3 的南部高地环形山其实要比乍看之下的多。主要的高原地区，客墨里亚台地，在 180°W 与塞壬台地接壤（这是一条由地形任意决定的边界），在北部与埃律西昂平原毗邻。其西部边缘（从北到南）与伊希斯平原、**第勒纳台地**（11.9°S，271.6°W；2470 千米）、**赫斯珀里亚高原**（21.4°S，250.1°W；1601 千米）和**普罗米修斯台地**（64.4°S，263°W；3244 千米）相交。众多大型冲积谷从客墨里亚台地向南延伸至其北部的低地平原。其中最东边的**马阿迪姆峡谷**（21.6°S，182.7°W；825 千米）发源于高原上几个小型峡谷的交界处，山径平缓蜿蜒，穿过数座较古老的火山口，最后流入**古谢夫环形山**（14.5°S，184.6°W；166 千米）。再往西，**卡希拉峡谷**（18.2°S，197.5°W；555 千米）流入埃律西昂高原的低地。古谢夫撞击坑以北 300 千米是**阿波利纳里斯山**（9.3°S，185.6°W；296 千米，5000 米），这座小型盾状火山拥有一个直径达 68 千米的不规则破火山口，破出了一条通道，在火山南侧展开形成一块扇形的"三角洲"。阿波利纳里斯山的底座拥有一道不规则的扇形边界，在西部最为突出，那里有一座陡峭的悬崖。

埃俄利斯高原（0.8°S，215.0°W；820 千米）和**仄费里亚高原**（1.0°S，206.9°W；550 千米）都位于埃律西昂平原的西南部，都有河道网络穿过。其中最突出的是**埃俄利斯桌山群**

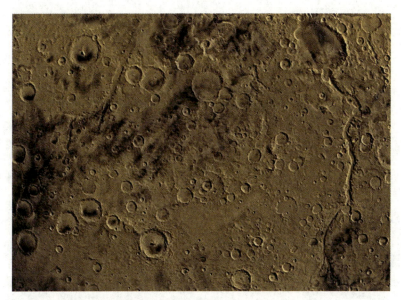

图 6.28　溢出河道的马阿迪姆峡谷和古谢夫撞击坑（右）以及卡希拉峡谷
（左）。图片源自美国国家航空航天局 / 喷气推进实验室 / 彼得·格雷戈。

（2.9°S，219.6°W；820 千米），位于突出的**盖尔撞击坑**（5.4°S，
222.3°W；155 千米）的东部。然而，有更多大型溢出通道横
亘于更南边的高地上，特别是那些源自**维恩撞击坑**（10.7°S，
220.4°W；120 千米）及其周围的通道。

　　有一个由又长又宽的山脊所组成的系统。其中，**希布莱乌斯山
脊群**（10.9°N，231.0°W；875 千米）如一条堤道般从与毗邻客墨里
亚台地的丘陵地区穿过埃律西昂平原，到达埃律西昂隆起的低坡。

　　客墨里亚台地的西北如半岛一般延伸到赫斯珀里亚高原和第
勒纳台地以北，受到宽阔（平均宽度 250 千米）的低势"峡谷"
阿蒙蒂斯高原（3.2°N，254.3°W；960 千米）的缓冲。阿蒙蒂斯
高原北部边缘是**阿蒙蒂斯高原峭壁**（1.6°N，249.5°W；331 千米）。
还能继续发现发自环形山遍布的高处的溢出通道向乌托邦平原南

部的低地流通。

在客墨里亚台地值得注意的大型撞击坑包括**赫歇尔**（14.7°S，230.3°W；304.5千米），其底部呈现出一个残余的内山环。**莫尔斯沃思**（17.4°S，210.9°W；181千米）的内山环只在南部可见到部分，以及**开普勒**（46.8°S，219.1°W；233千米），其内山环保存完好，宽达116千米。在开普勒撞击坑周边，可以发现几个东北—西南方向的大型山脊和悬崖围绕着**克罗尼乌斯高原**（59.7°S，220.0°W；550千米），包括**艾利达尼亚断崖**（53.5°S，221.0°W；939千米）和**尤利克西斯峭壁**（68.4°S，200.1°W；390千米）。

有一座不寻常的火山**第勒纳山**（21.4°S，253.5°W；473千米）耸立在赫斯珀里亚高原之上，这是一座相对年轻的高地平原，位于客墨里亚台地的西部。有一座底部平坦的宽阔谷地自一个直

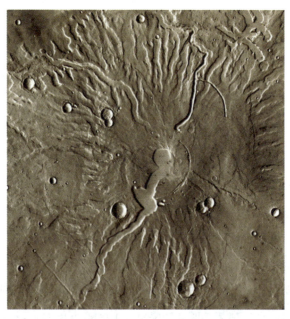

图6.29　第勒纳山，一座普林尼式喷发的火山的地形图。图片源自美国国家航空航天局/喷气推进实验室/彼得·格雷戈。

径 12 千米的中央环形山开始，在西南边缘打开，并沿着西南山坡向下延伸。突出的山脊和峡谷切入火山的侧面，在部分地区，它们也被弧形的峡谷和断层切开。人们认为这座山是由黏稠的熔岩流和火山灰层层堆积而成的，这是由连续的普林尼式火山喷发导致的，因此它与塔尔西斯和埃律西昂地区的火山不同。

赫斯珀里亚台地以南的普罗米修斯台地与庞大的希腊撞击盆地的东环接壤（会在下文的区域 4 讨论）。这个遍布撞击坑的区域中最大的撞击坑是**塞奇撞击坑**（58.0°S，258.1°W；234 千米），其西方的底部包含了其内部山环的残留弧。普罗米修斯台地入侵了火星的南极圈，在那里有许多大型山脊和悬崖，其中最宽阔的是**塞勒峭壁**（69.6°S，229.1°W；675 千米）和以南极为中心的巨大的**普罗米修斯山脊**（75.3°S，269.4°W；1248 千米），后者与**普罗米修斯高原**（78.9°S，270.0°W；850 千米）毗邻，那是一片相对平坦的低地，与南极地区接壤。

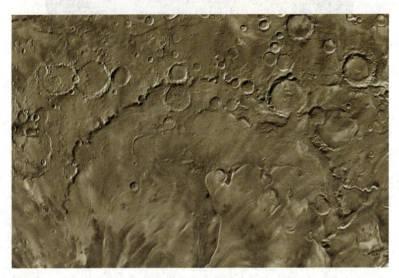

图 6.30　显示出普罗米修斯山脊和普罗米修斯高原的近南极地区地形图。图片源自美国国家航空航天局 / 喷气推进实验室 / 彼得·格雷戈。

6.6 区域4：北方荒原—示巴—希腊区域（270°W~360°W）

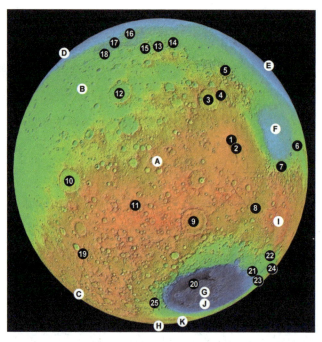

图 6.31 区域4地图，以（赤道，315°W）为中心，展示了文字说明中提到的特征。关键词（按考察中首次提到的顺序）：A.示巴台地；B.阿拉伯台地；C.挪亚台地；D.阿西达利亚平原；E.乌托邦平原；F.伊希斯平原，伊希斯山脊群；G.希腊平原；H.南极高原；1.尼罗山口；2.麦罗埃山口；3.安东尼亚第撞击坑；4.巴尔代撞击坑；5.尼罗瑟提斯桌山群；6.阿蒙蒂斯堑沟群；7.利比亚山脉；I.第勒纳台地；8.欧伊诺特里亚断崖；9.惠更斯撞击坑；10.斯基亚帕雷利撞击坑；11.道斯撞击坑；12.卡西尼撞击坑；13.莫勒撞击坑；14.初尼罗桌山群；15.伊斯墨纽斯堑沟群；16.李奥撞击坑；17.亚尼罗桌山群；18.马墨耳斯峡谷群；19.斯库拉断崖；20.阿尔甫斯小丘群；J.希腊混杂地；21.达奥峡谷；22.亚得里亚山；23.哈马基斯峡谷；24.半人马山脉；25.赫勒斯滂山脉；K.马莱阿高原。请注意，字母指的是扩展区域的特征，如荒原、台地、平原、混杂区、沼泽和高原，而数字指的是所有其他特征。图片源自美国国家航空航天局/喷气推进实验室/彼得·格雷戈。

区域 4 的大部分地区被遍布环形山的高地所覆盖，其中心是辽阔的**示巴台地**（2.8°N，308.7°W；4688 千米），其北部是**阿拉伯台地**（21.3°S，354.3°W；4852 千米），**挪亚台地**（50.4°S，5.2°W；4852 千米）在西南，东面是第勒纳台地。有 4 个主要的撞击盆地，每个都包含低地平原，分别为入侵区域 4 西北部的**阿西达利亚平原**（46.7°N，22.0°W；2300 千米）、东北部的**乌托邦平原**、东部的**伊希斯平原**和东南的**希腊平原**（42.7°S，290.0°W；2200 千米）。北方荒原的低地平原靠最北，连接着乌托邦平原和阿西达利亚平原，而南边是挪亚台地和南极周边的**南极高原**（83.9°S，200.0°W；1450 千米）。

这一大片区域主要由示巴台地占据，从 42°N 到 37°S，278°W 到 351°W。其东北部区域，大瑟提斯高原是片火山区，此地大部分地区的环形山明显少于示巴台地的其他地区。该地区的最高处在西部，坡度走势在东部达到最低，与伊希斯平原有明确的边界。大瑟提斯高原由于坡度平缓，平均坡度只有 1 度，因此不太明显。大瑟提斯高原实际上是一座盾状火山——就面积而言，是火星上最大的火山之一，覆盖面积约为 80 万平方千米。大瑟提斯高原的中央是一片南北向的细长洼地，面积为 350×150 平方千米，其边缘被**尼罗山口**（8.°N，293.0°W；70 千米）和**麦罗埃山口**（6.9°N，291.4°W；50 千米）的破火山口呈扇状包围，这两个破火山口的底部低于其边缘约 2 千米。岩浆室坍塌后造成了表层物质的坍塌和压缩，中央凹陷处及其周围发现了皱纹脊，并以普遍的辐射模式穿过火山的斜坡。其他弧形山脊是由滑坡和冲断裂作用形成的。

紧挨着大瑟提斯高原部的是大型撞击坑**安东尼亚第**（21.3°N，299.2°W；394 千米），其东北边缘与较年轻的**巴尔代撞击坑**（22.8°N，294.6°W；180 千米）相重叠。两者都展现出内环结

图 6.32　大瑟提斯高原盾状火山地形图。图片源自美国国家航空航天局 / 喷气推进实验室 / 彼得·格雷戈。

构的特征。示巴台地的最北部地区有密集的环形山，它与北方荒原的"海岸线"被峡谷穿过——延伸至**尼罗小丘群**（38.7°N，297.1°W；645 千米）的圆丘平原。景观被堑沟群进一步分割，形成了一片较小的角状"岛屿"群，包括**尼罗瑟提斯桌山群**（34.7°N，292.1°W；705 千米）。安东尼亚第撞击坑以东，在伊希斯平原的西北边缘也可以发现宽阔的弧形堑沟群。伊希斯是一个大型撞击盆地，形成得比乌托邦撞击盆地晚，并与之重叠。伊希斯平原相当平坦普通，只有零星的小型撞击坑和一个皱脊系统——**伊希斯山脊群**（12.1°N，271.8°W；1100 千米）。伊希斯平原向东北方的乌托邦开放，在这里只能依稀看到如今被掩埋的主山环，其形式为稍高的丘陵地形。在伊希斯平原的另一侧还可以找到**阿蒙蒂斯堑沟群**（8.7°N，258.2°W；8891 千米）的平行弧形谷地，盆地的南部边界包括**利比亚山脉**（2.8°N，271.1°W；

1170 千米）。这些山脉勾勒出第勒纳台地的北部边缘，这是一片古老的火山区，中央部分隆起。该地区有环形山密布。**欧伊诺特里亚断崖**（11.0°S，283.1°W；1360 千米）横亘在此，这是一座非常庞大的弧形北向悬崖，向西延伸到示巴台地，一直到大瑟提斯高原的南缘。这座巨大的悬崖可能是一个与伊希斯撞击坑相关联的地壳断层特征。

示巴台地的南半部撞击坑密布。此地最突出的撞击坑**惠更斯撞击坑**（14.0°S，304.4°W；467 千米），是火星上最大的撞击坑。第二大的是**斯基亚帕雷利撞击坑**（2.8°S，343.2°W；458 千米），位于示巴台地的西部边缘，惠更斯撞击坑以西 2300 千米的位置。在两地之间，该地区最高的台地上，是**道斯撞击坑**（9.1°S，321.9°W；185 千米）。就景观角度而言，惠更斯撞击坑凭其更好的保存状态胜出，它拥有一个宽阔的内环系统和一个近边形的外环，

图 6.33　示巴台地中央有火星上两个最大的撞击坑——斯基亚帕雷利撞击坑（左）和惠更斯撞击坑（右）地形图。道斯撞击坑位于中心位置。图片源自美国国家航空航天局 / 喷气推进实验室 / 彼得·格雷戈。

图 6.34　惠更斯撞击坑是火星上最大的撞击坑。图片源自美国国家航空航天局 / 喷气推进实验室 / 彼得·格雷戈。

内部有陡峭的斜坡，外环的冰川被辐射状的沟壑所贯穿。

　　阿拉伯台地是火星上最古老的地表之一，位于示巴台地北部的一块楔形区域。地势比它的邻居平均低约 2000 米。**卡西尼撞击坑**（23.4°N，327.9°W；408 千米）位于阿拉伯台地东北部，而再往东北的**莫勒撞击坑**（41.8°N，315.6°W；138 千米）位于**初尼罗桌山群**（43.9°N，310.6°W；1050 千米）与**伊斯墨纽斯堑沟群**（41.3°N，322.3°W；270 千米）的侵蚀地貌之中。**李奥撞击坑**（50.5°N，330.7°W；236 千米）拥有壮观的内环与呈放射状的喷射物，可以在其相邻的平原上看到。它靠近**亚尼罗桌山群**（43.6°N，337.4°W；937 千米）。这是一片带有角度、四散的平顶"群岛"，位于阿拉伯台地北部的侧面。与火星上的许多桌山群一样，它们基本上是岩石冰川——水冰覆盖着一层相对较薄的隔热风化层，由风化过程所形成。发源于阿拉伯台地北部的许多峡谷入侵了这

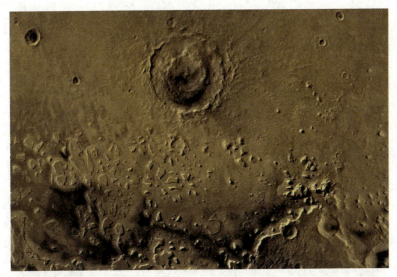

图 6.35　李奥撞击坑和亚尼罗桌山群地形图。图片源自美国国家航空航天局／喷气推进实验室／彼得·格雷戈。

片地区，包括**马墨耳斯峡谷群**（40.0°N，342.2°W；1020 千米）。

　　在环形山遍布的延绵高地上，西南部的示巴台地与东北部的挪亚台地相连。一座无比庞大的无名环形山的东部区域（37.0°S，356.0°W；430 千米）被数座宽阔的大裂谷所穿过，边缘是陡峭的扇形峭壁，其中规模最大的是**斯库拉断崖**（25.2°S，341.7°W；445 千米）。这些特征可能与希腊撞击所带来的地壳压力有关。

　　希腊平原占据了希腊撞击盆地的中央低地。其东西走向长达 2300 千米，南北向长 1800 千米，是太阳系中最大的撞击口之一。它形成于火星的挪亚纪时期，即太阳系的晚期重轰击期。卵形的希腊平原为东西向拉长，坐落在一个较大、更不规则的外环西部。

　　在希腊平原中心的西部，分布着**阿尔甫斯小丘群**（39.7°S，300.3°W；628 千米）多节的脊状低地，其西部边界地势急剧下降，直至一个深邃弯曲的脊状平原（约 240 千米宽），包括火星

图 6.36 希腊平原地形图。图片源自美国国家航空航天局/喷气推进实验室/彼得·格雷戈。

图 6.37 东希腊地形图，显示（从上到下）亚得里亚山、达奥峡谷、哈马基斯峡谷和半人马山脉。图片源自美国国家航空航天局/喷气推进实验室/彼得·格雷戈。

上的最低点，低于边缘水平约 9000 米。其南部是**希腊混杂地**
（47.5°S，296.0°W；595 千米）的破碎地形。一个由放射状和弧
形山脊交叉的平原环绕着希腊平原的北部、东部和南部。东部高
原上的大型河谷为其提供水源，这些河谷包括发源于**亚得里亚**
火山（32.1°S，268.2°W；575 千米）南麓的**达奥峡谷**（38.4°S，
272.1°W；816 千米），以及发源于**半人马山**（38.6°S，264.8°W；
270 千米）脚下的**哈马斯基峡谷**（40.5°S，269.6°W；475 千米）。
半人马山形成了希腊撞击盆地不规则外环的东部部分；**赫勒斯滂**
山脉（44.4°S，317.2°W；730 千米）的弯曲地势更清晰地勾勒
出西部。**马莱阿高原**（64.8°S，295.0°W；900 千米）与希腊盆
地南部平缓地融合到一起。马莱阿高原是一片火山区，包括几个
由皱脊包围的圆形洼地。

第七章

如何观测火星

火星观测是业余天文学中最有收获的追求之一。尽管火星是太阳系中的第四大行星，直径有地球的一半，但很多时候，火星都离我们太遥远，其圆面变成一颗直径不到 5 角秒的橙色小球，勉强闪烁着暗淡的光芒，以至于除了警觉的天空观测者，无人会立即留意到它。但每隔几年就有几个月，火星会上演一场让肉眼观测者和成像器激动不已的表演。当其圆面增至 10 角秒以上时，它的特征就可以被轻易观察到，火星达到负星等时的亮度，更是立即引起了人们的关注。

　　在每次可见期达到巅峰时，火星在现身的这段时间里处于最近的位置，其星等和视直径达到最大，业余天文学家们会再次意识到，他们的热切盼望与期待得到了充分满足。当火星的橙色圆盘在视野中居中并获得聚焦时，观测者不禁会被这样一个事实所震撼：这是一片在种种方面与我们自身世界非常相似的天地，有冰冷的极冠、昏暗的"海洋"和明亮的"大陆"，它们被包裹在能够产生可见天气的大气之中。

　　没有两幅完全相同的火星景象，也没有两段可见期在现象范围或顺序上是相同的；从一个晚上到下一个晚上，在一个可见期的过程中，从一个可见期到另一个可见期，这种不可预测的程度为火星观测的魅力增色不少。

7.1 可见期与冲日

　　火星被称为地外行星，因为它是在地球轨道之外绕着太阳运行的。当火星位于太阳离地球较远的一侧时，就会与太阳相合。由于地球的轨道运行速度比火星快，因此在产生相合后，火星出现在太阳西边。当火星挡住了太阳的强光后，它开始从黎明前的天空中探出头来。在这一阶段，火星的视直径达到最小。

　　只有在火星的视直径大于 5 角秒时，才会感受到视觉上的趣味。这时，通过 100 毫米的望远镜就可以分辨出其冰冠和广阔沙漠的痕迹。火星在早晨的天空中首次被肉眼观察到之后，要经过数个月才能达到奇妙的 5 角秒视直径状态。

　　在冲日时，火星与太阳相对，在午夜时分处于正南方向。火星在冲日时几乎百分百地被照亮，并且在那段特定的可见期中，火星视直径达到最大。由于火星有一条明显的椭圆轨道，它在冲日时与我们的距离会变化。火星在冲日期间的视直径变化很大，范围从远日点冲（离太阳最远时）的最小 15 角秒到近日点冲（离太阳最近时）的 25 角秒不等。

　　在火星可见期发生的前半段，火星缓慢地漂移到太阳的西侧，这是由地球围绕太阳运动造成的。尽管火星在天体背景下的凝聚运动缓慢向东，但一种被称为逆行运动的现象令它在星空中扭转一阵子方向，在天空中绕了一个小圈或走了一个"之"字，然后再次向东前进。逆行运动开始自火星冲日的数个月前，到冲日后的几个月结束，是由于我们从地球上看到的火星以及我们的视线变化造成的。在相合之后，火星看上去平静地向东移动。当地球沿着其较快的内圈运动，在火星冲日之前追上火星时，我们移动的视线令火星的视运动看上去减慢并扭转方向，向西移动了一段时间。当冲日后我们离火星更远时，我们的视线开始改变火星的视运动轨迹，它看上去放慢了速度，然后最终重新开始缓慢地向东。

当火星在早晨的天空中首次出现在太阳的西边时，可见期开始；当它最终消失在黄昏的强光中时，可见期就结束了。在每次可见期，火星的可见时间约为 18 个月。在此期间，它的视直径从最小的 3.5 角秒增长到超过 14 角秒（远日点冲）和 25 角秒（近日点冲）。在整个这段时间内都可以进行肉眼观测，不过大多数观测者认为，在每次冲日开始和结束的头几个月，也就是视直径还不到 5 角秒时，火星还是太小了，无法进行有意义的观测。成熟的 CCD（电荷耦合器件）感光耦合组件成像器能够从小得多的火星圆面中挑拣出细节，因此对于它们而言的可见期超过了肉眼观测者的可见期。

在每次可见期的早期或晚期，通过中等大小的望远镜可以看到较广泛、较昏暗的特征。但只有当火星接近冲日状态，地球和火星本身的大气层变得清晰时，才能分辨出令火星如此迷人的细节。当火星的视直径超过 5 角秒时，通过 150 毫米的望远镜至少可以分辨出较大的昏暗特征和明亮的南北极冠。许多肉眼观测者认为，只有当火星圆面大于 8 角秒时，才值得用望远镜认真观察，但这样做，在等到火星在夜空中变得稳定之前，会忽略定期观测，这样也许要等到它与太阳相合后的 6 个月甚至更长时间。

由于火星的轨道偏心程度巨甚，所以并不是所有的可见期都有利于观测。火星的冲日周期平均为 15.8 年，包括 5 次远距离冲日和 2 次连续的近距离冲日。这个周期每 79 年左右重复一次。每隔一年左右，当火星直接与太阳相对时就会发生冲日，冲日之间的平均间隔为 780 天（每一次连续的冲日都会晚 50 天左右）。由于火星离太阳较远时运动速度更慢，连续的远距离冲日之间的间隔实际上小于近距离冲日之间的间隔。例如，2012 年和 2014 年的冲日间隔为 766 天，而 2018 年和 2020 年的冲日间隔为 810 天。

火星在冲日前后达到最明亮的状态，其视直径也达到最大。冲日并不会完全与最接近的状态发生在同一时间。在著名的 2003 年近日点冲期间，火星在 8 月 27 日最接近地球，就在冲日的前一天。在接下来的近距离可见期中，两者最接近的时间是 2005 年 10 月 30 日，也就是发生在冲日前的 8 天。冲日日期与最接近地球期之间的差距可以达到两星期之久。

火星在远日点冲时距离地球超过 1 亿千米，呈现出一个视直径小于 14 角秒的圆面，以 –1.1 星等闪耀。火星远日点冲期间，其北极总是向太阳倾斜，较明亮的北半球特征更好地呈现出来。在远日点冲时，需要用 120 倍的放大倍率，才能使火星看起来与用肉眼看满月时一样大（半度宽）。

火星每隔 15~17 年就会发生一次近日点冲。这时火星与太阳的距离接近 5500 万千米，大约是地球到月球距离的 150 倍。在这种情况下，火星呈现为一个被完全照亮的圆面，视直径约为 25 角秒，亮度为闪耀的 –2.8 星等。火星的南极向地球倾斜，更暗淡、特征丰富的南半球呈现在我们面前。尽管明亮的南极冰冠看上去很突出，但经常观测的人都会注意到，在冲日前的几个月里，南极冰冠明显缩小。火星南半球的夏季温度一直在上升，导致冰冠的外围部分萎缩。

一架优秀的 150 毫米望远镜可以轻松地分辨出相隔 1 角秒的物体。在近日点冲时，当火星的视直径约为 25 角秒时，1 角秒

表 7.1　火星冲日，2012~2020 年

日期	视直径（角秒）	距离（千米）	星等	角度（星座）
2012.3.3	13.9	101,106	−1.1	10° 10'（狮子座）
2014.4.8	15.1	93,106	−1.5	−05° 14'（处女座）
2016.5.22	18.4	76,106	−2.1	−21° 40'（天蝎座）
2018.7.26	24.2	58,106	−2.8	−25° 23'（摩羯座）
2020.10.13	22.4	63,106	−2.6	05° 30'（双鱼座）

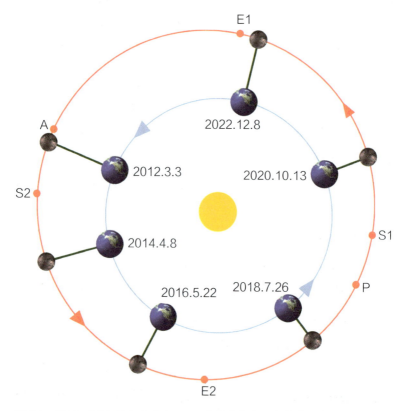

图 7.1　2012~2022 年火星冲日。E1=北半球春分，南半球秋分；E2=北半球秋分，南半球春分；S1=北半球冬至，南半球夏至；S2=北半球夏至，南半球冬至；P=近日点；A=远日点。

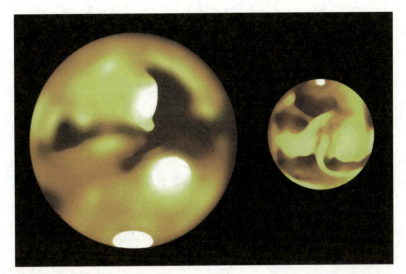

图 7.2　火星在近日点冲期（2003 年，左）和远日点冲期（1999 年，右）的表面大小比较。

相当于火星上的 280 千米。这与裸眼观察月球的分辨率差不多。在近日点冲时，仅用 72 倍的放大倍率就可以看到与不用器材的肉眼观察到的满月相同的火星视直径。

7.2 | 四 季

    由于火星的转轴倾角为 25.2 度，火星也会经历四季循环，就像地球一样，只是它们持续的时间大约是地球的 2 倍。火星于我们而言的倾斜度变化改变了著名的昏暗特征的外观（通过透视），以及该星球南北两极冰冠的明显位置和范围。火星的倾斜度如何呈现在地面观测者面前，取决于火星在其轨道上的位置以及地球与火星的关系，而火星倾斜度最明显的标志是火星的极冠。当火星的视直径大于 5 角分时，150 毫米的望远镜通常会在任何时候显现出一个或另一个极冠（或罩住它们的云）。

    近日点冲期间，火星南半球进入夏季。火星的南极向太阳倾斜的程度最大，南极冰冠很小但很突出。赤道穿过火星北部的角度较大，北纬 65 度以上的所有地区从未旋转到视野中（它们处于永久的黑暗中，因为此时是北半球的隆冬季节）。在远日点冲期间，火星的北半球处于夏季，这时南极处在冬季的黑暗中，而北极则很好地呈现在我们面前。

    以地球上的天数来计算，火星季节的长度分别为：南半球春天、北半球秋天，146 天；南半球夏天、北半球冬天，160 天；南半球秋天、北半球春天，199 天；南半球冬天、北半球夏天，182 天。因此，这个星球的南半球拥有一个更短、更温暖的夏天，因为它离太阳更近，南极冰冠在夏天比北极冰冠融化得更快。然而，南半球的冬季比北半球的更长、更严酷。南半球的冬季，南极冰冠可以延伸到 60°S，而北半球的冬季，北极冰冠延伸到 50°N。

7.3 自 转

　　火星每 24.6 小时绕轴自转一次，相隔一小时左右的观测图很容易就能看出火星的自转状态。由于火星上的一天比地球上的一天略长，因此，如果每天晚上在差不多的时间观察火星，火星的自转就会显得滞后，表面上更偏东的特征将进入视野。这个差异相当于每天大约 9 度的火星东经度，因此，如果在每个晴朗的晚上在同一时间进行观测，大约 6 周就可以完成对火星的完整环视。

　　在一段时间内进行的这种观测将清楚地呈现出逐渐向东的特征，给人以火星在逆向旋转的错觉。例如，从子午湾（位于行星的零度经线上）开始，希腊和大瑟提斯将在一周后出现在子午线上，埃律西昂和客墨里亚海在 9 天后出现，塔尔西斯再过 10 天，再 3 天后是索利斯湖，阿西达利亚海在一周后出现在子午线上。

第八章

透过目镜分四段环游火星

8.1 从 0° 向西到 360°W

　　我们得感谢 19 世纪的天文学家威廉·比尔（Wilhelm Beer）和约翰·马德勒（Johann Mädler），正是他们设立了火星的本初子午线。他们在火星表面定义了一个永久基准点，用于确定火星自转的精确数值，并绘制出精确的火星地图。这个基准点以我们如今熟知的子午湾（子午高原）的一个小特征为中心，在今天仍然被作为零经度使用。

　　为了与肉眼观测者使用的经度系统保持一致，也为了便于参考，本书中的所有经度坐标都是在火星本初子午线以西给出的。在可能的情况下，这些坐标取自国际天文学联合会的火星反照率特征清单（确立于 1958 年）。而对于那些在该清单中没有获得命名的地方，其特征名称和坐标则直接取自欧仁·安东尼亚第的细节地图（来自《火星》，1930 年）。与本书第一部分中的地形图一样，每个区域的边界都涉及部分重叠的描述。

　　在这篇以望远镜观测的火星特征调查报告中，有许多描述都基于我本人自 1982 年以来多次在火星可见期时的望远镜观测。我还参考了安东尼亚第绘制于约一个世纪前的绝佳地图，此地图是根据他自己的细致观测绘制的。这些地图在清晰度和精准度方面至今仍无与伦比，因而安东尼亚第的命名法贯穿始终。观测插图来自最近的火星可见期，还有我自己（用铅笔、PC 增强和 PDA 绘图媒体）绘制的观测图，也有保罗·斯蒂芬斯（Paul Stephens）用铅笔绘制的优秀作品。

　　大多数观测文献都将火星南方描述为顶部，这是经典的望远镜视角。现在许多观测者使用折射望远镜，马克苏托夫－卡塞格林或施密特－卡塞格林望远镜，再搭配一个天顶镜，这个配件令这些仪器在指向天空更高处时不会令人那么难受。然而，天顶反射镜（在北半球使用时）会在顶部显示北方，并给出一个东西向翻转的图像；而天顶棱镜会将火星旋转180度，顶部显示为南方，但不会将图像以东西向翻转。

为了有助于观测，我展示了三种基本的火星反照率地图，有标记的和没有标记的。第一组地图（图8.1和图8.2）的顶部为北方，天体的西方居右，与本书第一部分中的地形图方向一致，也

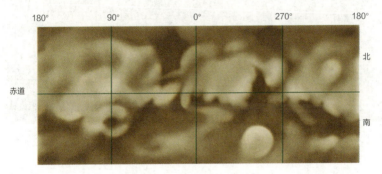

图 8.1　火星地图，展示出反照率特征。顶部为北，天体西方居右。

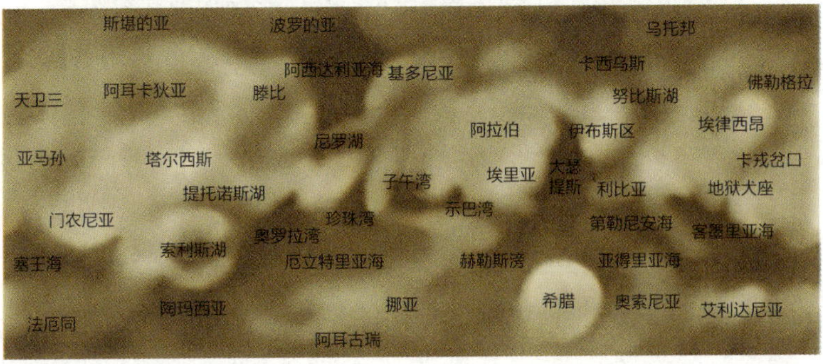

图 8.2　带有标记的火星地图，展示出反照率特征。顶部为北，天体西方居右。

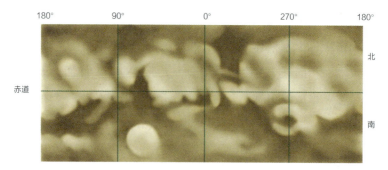

图 8.3　火星地图，展示反照率特征。顶部为北，天体西方居左。

图 8.4　带有标记的火星地图，展示反照率特征。顶部为北，天体西方居左。

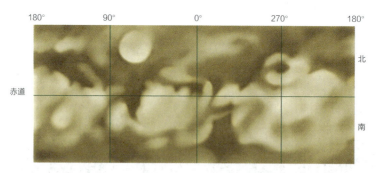

图 8.5　火星地图，展示反照率特征。顶部为南，天体西方居左。

图 8.6　带有标记的火星地图，展示出反照率特征。顶部为南，天体西方居左。

符合北半球天顶棱镜使用者的视角。第二组图（图 8.3 和图 8.4）的顶部为北，天体西方居左（为天顶反射镜用户提供了东西向的相反视图）。而第三组图（图 8.5 和图 8.6）的顶部为南，天体西方居左（经典的望远镜视图）。

　　下文中伴随着每个区域的半球形视图展示出了顶点为北，自西向左递增的火星地理。这些视图与本书第一部分介绍的地形图一致。它们展示出的反照率特征是基于"海盗号"轨道器在 20 世纪 70 年代末拍摄的图像。然而，必须要注意的是，出于火星天气的原因，其反照率特征在一次可见期内以及从一次可见期到下一次可见期间，在轮廓和亮度上都会出现变化。

　　接着每份半球形视图，每个区域还有更细致的反照率地图，它们是基于安东尼亚第的火星地图制成的。这些地图顶部均为北，其中展示出了下文中提到的所有特征以及许多其他特征。

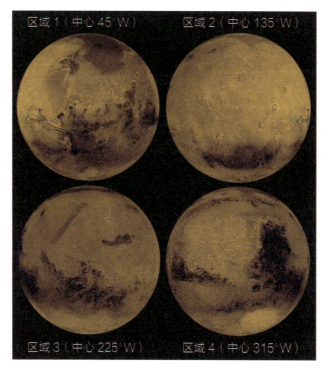

图 8.7 基于"海盗号"拍摄的半球反照率地图，展示出火星的四个区域（顶部为北）。图片源自美国国家航空航天局／谷歌地球／彼得·格雷戈。

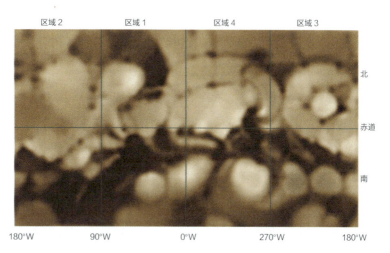

图 8.8 火星反照率地图（基于安东尼亚第的地图），顶部为北，显示出下文描述的四个区域。

8.2 区域1: 0°~90°W

在近日对冲期间，北部的**阿西达利亚海**（45°N，30°W）宽阔的暗区——火星海洋区域中最清晰的区域之一——总是在北侧边缘附近看上去缩得很短。当火星北极向太阳倾斜时，人们可以更充分地观察到其真实的形状和范围。在这时，通过100毫米的望远镜就可以很容易地辨别出它的特征。在阿西达利亚海达到最大的时候，它看起来是一片宽阔分明的昏暗斑驳区域，在60°N到35°N之间的25度范围内南北延伸。其西北边缘与**波罗的亚**（60°N，50°W）地区融为一体，其最北边缘的**雅克萨特**（58°N，20°W）附近有数道黑痕，**塔纳伊斯**（50°N，70°W）自它的西边延伸。阿西达利亚海的南部边缘通常比较分明，往往在它与**滕比**（40°N，70°W）西北部明亮的圆形区域的交界处更为明显。有时可以在滕比追踪到模糊的暗条纹，还有一些较亮的斑块，包括靠近滕比东部边缘的**塔纳伊卡雪顶**（52°N，55°W），这个特征由于地形云的形成而十分显眼。

经常能看到一片从滕比东部延伸到阿西达利亚海南部边缘的线型地带，这片宽阔的浅色地带被称为**阿喀琉斯桥**（38°N，35°W）。就在桥的南部，**尼罗湖**（30°N，30°W）昏暗的三角地带向西南延伸了约30度，将滕比南部与另一片亮区**克律塞**（10°N，30°W）分开。尼罗湖的一个暗分支，即**尼罗角**（30°N，55°W）经常被观察到分成两条——它曾被认为是所谓的火星"运河"中最显眼的那条。尼罗角与一块小暗斑**卢娜湖**（20°N，65°W）相连。卢娜湖不怎么显眼，但有几片源自它的暗区，最明显的要数恒河（5°N，58°W），向南延伸到火星赤道。它在那里与一个明显的小黑点——**青春泉**（5°S，63°W）相遇，通常在条件好的可见期内，可通过 150 毫米的望远镜观测到。在条件良好的情况下，可以看到这个特征由一条极其狭窄的堤道连接到犹如纤细蛙掌的

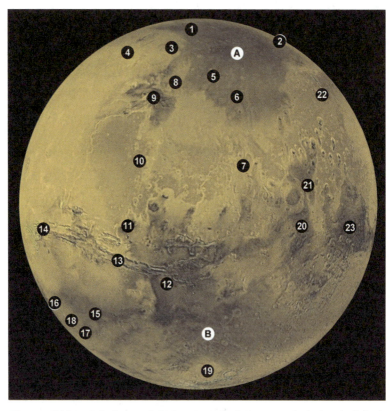

图 8.9　区域 1 的半球，以（赤道，45°W）为中心，顶部为北，标有文中提到的反照率特征。关键词（按首次提及的顺序）：A. 阿西达利亚海；1. 波罗的亚；2. 雅克萨特；3. 塔纳伊斯，塔纳伊斯雪顶；4. 滕比；5. 阿喀琉斯桥；6. 尼罗湖；7. 克律塞；8. 尼罗角；9. 卢娜湖；10. 恒河；11. 青春泉；12. 奥罗拉湾；13. 阿伽忒俄斯；14. 提托诺斯；15. 内克塔；16. 索利斯湖；17. 博斯普鲁斯；18. 陶玛西亚；B. 厄立特里亚海；19. 阿耳古瑞；20. 珍珠湾；21. 奥克苏斯；22. 西洛厄泉；23. 子午湾。字母指经过命名的海区。图片源自美国国家航空航天局 / 谷歌地球 / 彼得·格雷戈。

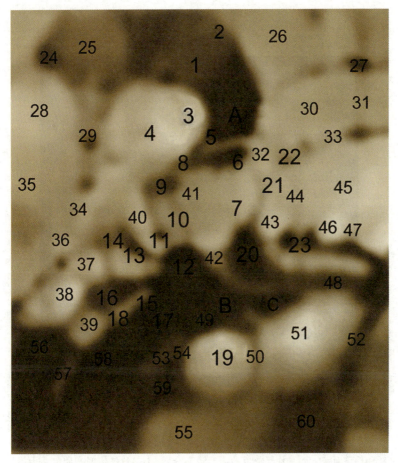

图 8.10 区域 1 的反照率地图,以(赤道,45°W)为中心(70°N~70°S,315°W~135°W),顶端为北。额外带标记的特征(区域 1 文本未提及):24.麦奥提斯沼泽;25.内里戈斯;26.俄耳梯癸亚;27.阿瑞图萨湖;28.阿耳卡狄亚;29.刻拉尼俄斯;30.基多尼亚;31.亚嫩;32.奥克夏;33.亚尼罗;34.塔尔西斯;35.奥林匹克雪顶;36.勒克斯;37.凤凰湖;38.克拉里塔斯;39.菲利克斯湖;40.坎多尔;41.克珊忒;42.厄俄斯;43.阿拉姆;44.蒂米亚马塔;45.摩押;46.埃多姆;47.西格翁港;48.潘多拉海峡;C.爱奥尼亚海;49.厄立特里亚低地;50.阿耳古瑞波洛斯;51.挪亚;52.赫勒斯滂;53.俄古革斯区;54.涅瑞伊德海峡;55.阿耳古瑞 II;56.阿俄尼亚湾;57.黄金角;58.滂蒂卡低地;59.坎皮佛莱格瑞;60.赫勒斯滂低地群。

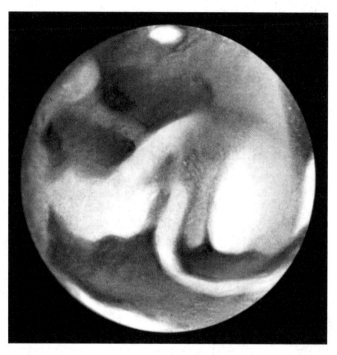

图 8.11　1999 年 5 月 6 日，世界时 23∶00，中央子午线 12 度，相位 37
度，倾斜度 20.3 度，相位 99%，视直径 16.1 角秒，星等 –5。珍珠湾接近中
央子午线，一道昏暗的条纹从其北端延伸至朦胧却也易于观察到的奥克苏
斯和西洛厄泉。厄立特里亚海的南北边界分明，南部边缘有明亮的阿耳古瑞。
显眼的奥罗拉湾延伸到青春泉，靠近下面的边缘。昏暗的子午湾和示巴湾
被一个明亮清晰的阿拉姆利落地从珍珠湾分割开来。两片延伸的暗区自子
午湾的两个"岔路"向北展开，穿过昏暗的伊甸园。可以清晰地看到阿西
达利亚海的斑驳，明亮的塞多尼亚雪顶在中央子午线上，就位于圆面中心
的北部。阿喀琉斯桥将阿西达利亚海的南部与显眼的尼罗湖分开，尼罗角
则位于下面的边缘附近。塞多尼亚和俄耳梯癸亚暗极了，狄俄斯枯里亚在
前导边缘亮一些。广袤昏暗的示巴湾延伸到前导边缘，可以看见埃多姆和
赛格乌斯。在前导边缘，有昏暗的伊斯墨纽斯湖，其南部与明亮的阿拉伯
接壤。北极冠小而明亮。150 毫米牛顿望远镜，200 倍，集成光。

奥罗拉湾（15°S，50°W），自那向北面与西面展开一张昏暗的网。其中，**阿伽忒俄斯**（10°S，78°W）以近 15 度的弯曲度横跨到**提托诺斯湖**（5°S，85°W），这块暗斑通常略大于青春泉，更容易辨认。阿伽忒俄斯和提托诺斯湖实际上标志出了壮丽的水手号峡谷群裂谷系统的大部分位置。

在奥罗拉湾的西南方，有一个间或宽阔的昏暗地带，叫作**内克塔**（28°S，72°W），向西并入了火星上最突出的一大特征**索利斯湖**（28°S，90°W），那是一块近乎成圆的地带，其范围和亮度

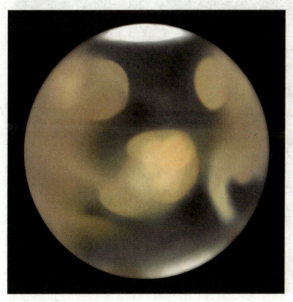

图 8.12 2010 年 1 月 30 日，世界时 00 : 35，中央子午线 47 度，相位 357 度，相位 100%，视直径 14.1 角秒，星等 –1.3。火星冲日。北极冠相当明亮。刚经过中央子午线，昏暗的阿西达利亚海很显眼且轮廓分明。尼罗角清晰可见，并向卢娜湖延伸。克律塞位于圆面中心，相当明亮。暗淡的奥罗拉湾轮廓模糊。昏暗的珍珠湾向北延伸到尼罗湖，明亮的阿拉姆将它与靠近东部边缘的显眼子午湾明确地分开。阿伽忒俄斯和梅拉斯湖清晰可见，南部边缘的阿耳古瑞相当耀眼。300 毫米牛顿望远镜，200 倍，集成光和黄色（W12）滤光镜。

在每次可见期期间都有所不同。在它们达到最大的时候，索利斯湖跨了超过 20 度的经度。它位于中央位置南部一个更明亮的区域内，南部以**博斯普鲁斯**（34°S，64°W）的黑暗蜿蜒地带为界，往往被浅色的**陶玛西亚**（35°S，85°W）分隔开。索利斯湖南部边缘有时与比平时更加昏暗的陶玛西亚融为一体，使得其轮廓难以追踪，但它在北部总是相当清晰分明。索利斯湖偶尔也会以杂乱无章的暗斑形式现身，但有时它也会以一个醒目的单点出现

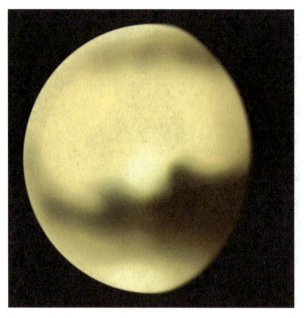

图 8.13　2007 年 9 月 16 日，世界时 02：00，中央子午线 88 度，相位 331 度，倾斜度 0.7 度，相位 86%，视直径 8.8 角秒，星等 0.1。在 2007~2008 年的早期可见期期间，当火星非常小并且展现出大型相位时，索利斯湖靠近圆面中心，但看不真切。奥罗拉湾在前导边缘附近显得宽阔而昏暗，可以看到阿伽忒俄斯。在索利斯湖东北方可以看到一片明亮的区域。塞壬海在后方的边缘地带并不明显。南极和北极的明亮区域没有看到明显的冰冠。在波罗的亚和内里戈可以看到些许阴影。150 毫米牛顿望远镜，235 倍，集成光。

（尤其是在比一般情况中更差的观测条件下或通过小型望远镜），因此它有了"火星之眼"的非正式名称。

　　奥罗拉湾以南，0°到90°W左右，20°S到40°S之间的位置是**厄立特里亚海**（25°S，40°W），它看起来是一系列黑斑。在南部，厄立特里亚海逐渐消失，环抱住**阿耳古瑞**（45°S，25°W）这一大型古代撞击盆地——通常呈现为分明的浅色圆形斑块。

　　厄立特里亚海在20°W左右的北部位置变暗，并与深色的窄

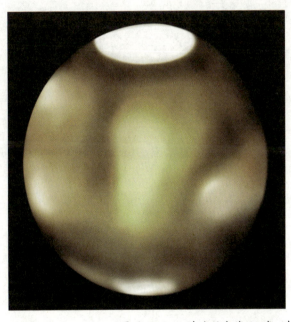

图 8.14　2009 年 12 月 19 日，世界时 03：15，中央子午线 99 度，相位 3 度，倾斜度 19.0 度，相位 94%，视直径 11.5 角秒，星等 −0.5。明亮的塔尔西斯位于圆面中央，在南部与非常模糊的索利斯湖接壤。靠近前缘的卢娜海和尼罗角，它们和阿西达利亚海几乎就要进入晚间明暗界。在南面有明亮的克律塞的西部地区，它被昏暗的厄立特里亚海所突出，塞壬海在下方边缘。南部边缘有明亮的区域，同时还有明亮的亚马孙和阿耳卡狄亚在下方边缘。接近中央子午线时，刻拉尼俄斯清晰可见，向北延伸到内里戈和巨大北极冠的昏暗边界。200 毫米施密特−卡塞格林望远镜，285 倍，集成光。

V 形特征**珍珠湾**（10°S，25°W）相接。珍珠湾在赤道以北延伸并变窄，在克律塞边缘略向东弯曲。珍珠湾通常比其西面的奥罗拉湾呈现出更惨淡的色调，但其北端有时会显得非常尖锐，并沿着名为**奥克苏斯**（20°N，12°W）的地带延伸到阿西达利亚海东南的**西洛厄泉**（33°N，8°W）的昏暗节点。在珍珠湾以东，火星的本初子午线上，有一个突出的昏暗特征**子午湾**（5°S，0°），下文的区域 4 会对此展开讨论。

8.3 ┃ 区域2: 90°W~180°W

塔尔西斯（0°，100°W）是火星上最大的火山区，横跨赤道，位于80°W与120°W左右的位置。尽管这些火山体形庞大，但

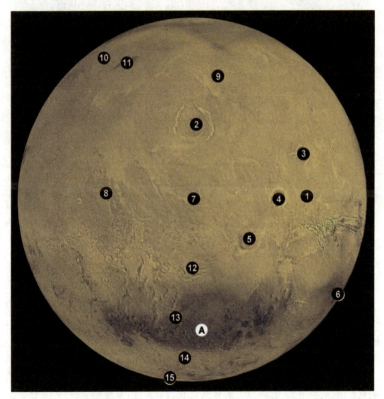

图 8.15　区域2的半球，以（赤道，135°W）为中心，顶部为北，标有文中提到的反照率特征。关键词（按首次提及的顺序）：1. 塔尔西斯；2. 奥林匹克雪顶；3. 阿斯克劳湖；4. 孔雀湖；5. 阿尔西亚林地；6. 索利斯湖；7. 戈尔迪结；8. 亚马孙；9. 阿耳卡狄亚；10. 卡斯托罗湖；11. 普洛彭提斯；A. 塞壬海；12. 门农尼亚；13. 福斯卡低地；14. 法厄同；15. 图勒。字母指经过命名的海。图片源自美国国家航空航天局 / 谷歌地球 / 彼得·格雷戈。

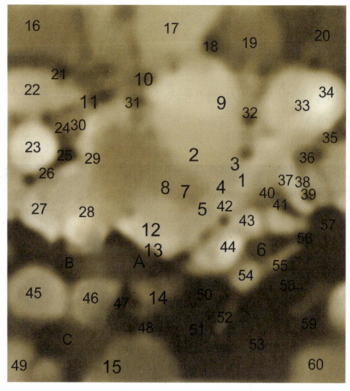

图 8.16 区域 2 的反照率地图，以（赤道，135°W）（70°N~70°S，45°W~225°W）为中心，顶部为北。额外标记的特征（区域 2 文本未提及）：16. 潘凯亚；17. 斯堪的亚；18. 麦奥提斯沼泽；19. 内里戈斯；20. 波罗的亚；21. 斯廷法利斯湖；22. 刻布壬尼亚；23. 埃律西昂；24. 斯堤克斯；25. 卡戎岔口；26. 刻耳柏洛斯；27. 埃俄利斯；28. 仄费里亚；29. 俄耳枯斯；30. 佛勒格拉；31. 欧西努斯湖；32. 刻拉尼俄斯；33. 滕比；34. 塔纳伊卡雪顶；35. 尼罗角；36. 卢娜湖；37. 坎多尔；38. 恒河；39. 青春泉；40. 提托诺斯湖；41. 梅拉斯湖；42. 勒克斯；43. 凤凰湖；44. 克拉里塔斯；B. 客墨里亚海；45. 艾利达尼亚；46. 厄勒克特里斯；C. 克罗尼乌斯海；47. 西奥弥斯；48. 帕利努罗海峡；49. 图勒 II；50. 阿俄尼欧海；51. 爱奥尼亚低地；52. 黄金角；53. 迪亚；54. 费利克斯湖；55. 陶玛西亚；56. 内克塔；57. 奥罗拉湾；58. 俄古革斯区；59. 坎皮佛莱格瑞；60. 阿耳古瑞 II。

要通过架在后院的望远镜直接看到它们还是很困难的。**奥林匹克雪顶**（奥林匹斯山，21°N，127°W）因其山顶附近所形成的明亮地形云，常常能被观测到，早在人们知晓它的山地属性之前，这个特征就有了非常相衬的名字——真正的奥林匹斯山，众神所在的家园！在良好的观测条件下，人们可以在奥林匹克雪顶附近依稀看到三个昏暗的点，即**阿斯克劳湖**（12°N，105°W）、**孔雀湖**（2°N，113°W）和**阿尔西亚林地**（8°S，121°W），庞大的姐妹火山在奥林匹克雪顶和索利斯湖之间形成一条东北—西南走向的线。满载水蒸气的空气被推到高空时形成了明亮的地形云，它们出现在所有这些特征上，有时通过小型望远镜，不用加滤光镜就可以很容易地观察到。有时在南半球春天晚些时候的下午，在

图 8.17　2010 年 2 月 23 日，世界时 21：40，中央子午线 144 度，相位 352 度，倾斜度 12.5 度，相位 97%，视直径 12.6 角秒，星等 –0.8。略带阴影的亚马孙位于圆面中心。在南部，是相当昏暗的塞壬海，然后是逼近明暗分界线的客墨里亚海。在塔尔西斯地区，前导边缘亮度很高。宽广的北极冠围着一圈昏暗地带，向下方边缘扩大。200 毫米施密特－卡塞格林望远镜，250 倍，集成光。

塔尔西斯火山上空能看到 W 形的云体，不透过滤光镜也显得非常明亮。类似的云体也会在同一时间出现在埃律西昂（见区域 3）。

在这片地区还可以瞥见许多轮廓模糊的其他特征，包括**戈尔迪结**（0°，135°W）的大片区域，以及**亚马孙**（0°，140°W）和**阿耳卡狄亚**（45°N，100°W）各种轮廓不明的昏暗区域。这两个区域都是赤道以北的浅色区域。与南半球相比，远北纬度地区的阴影强度要低得多，但在阿耳卡狄亚以西，有成片的小型昏暗

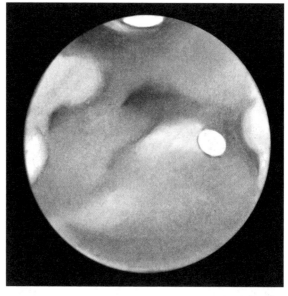

图 8.18　1997 年 3 月 31 日，世界时 21∶30，中央子午线 168 度，相位 23 度，倾斜度 23.4 度，相位 99%，视直径 13.9 角秒，星等 –1.1。亚马孙位于圆面中央，看上去十分暗淡，最暗的区域是普洛彭提斯。在它西边，靠近下方边缘，是明亮且轮廓清晰的埃律西昂，能够轻易看到卡戎盆口和刻耳柏洛斯，边缘上的埃塞俄比斯明亮清晰。再往北，昏暗的潘凯亚延伸到下方边缘。从普洛彭提斯向南，穿过厌费里亚，通向南部边缘附近轮廓不明的客墨里亚海；塞壬海平淡无奇，几乎无法辨认。奥林匹克雪顶是一个显眼的亮点，塔尔西斯西部被一片昏暗的地带穿过，但在前方边缘，塔尔西斯火山上可以看到另一个明亮的区域。北极冠的主体明亮，与不太明亮的奥林匹斯隔着南溪相望。225 毫米牛顿望远镜，250 倍，集成光。

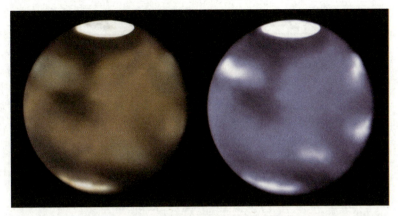

图 8.19　2010 年 1 月 13 日，世界时 23：30，中央子午线 171 度，相位 1 度，倾斜度 16.8 度，相位 99%，视直径 13.7 角秒，星等 -1.1。透过集成光和黄色及蓝色滤光镜，能看到巨大明亮的北极冰，其昏暗的边界向南延伸，穿过佛勒格拉，到达昏暗但轮廓不明的卡戎盆口。在蓝光下，其他几个明亮区域也很突出——位于卡戎盆口西北的埃律西昂地区，另一处在门农尼亚地区与塞壬海接壤，一个在靠近明暗分界线的塔尔西斯南部，还有一个在明暗分界线附近，位于阿斯克劳湖附近更靠北的地区。沿南部边缘的厄勒克特里斯地区也很明亮。200 毫米施密特–卡塞格林望远镜，250 倍，集成光和黄色 W12（左）滤光镜和蓝色 W80A（右）滤光镜。

特征，包括**卡斯托罗湖**（52°N，155°W）和**普洛彭提斯**（45°N，185°W）。

在赤道以南，**塞壬海**（30°S，155°W）昏暗的新月状地带与**门农尼亚**（20°S，150°W）的明亮区域接壤。当塞壬海位于中央子午线时，它可能是可见特征中最昏暗的那个。其东北边界小片裂叶状的**福斯卡低地**（33°S，147°W）通常是该海域昏暗程度最甚的部分。在塞壬海南部有些宽阔的浅色区域，包括**法厄同**（50°S，155°W），再往南有向南极冠延伸的**图勒**（70°S，180°W）。

8.4 区域3：180°W~270°W

　　佛勒格拉（31°N，188°W）延伸自普洛彭提斯，跨越20度的纬度，这片轮廓模糊的地带与昏暗的**卡戎岔口**（20°N，198°W）相接。**刻耳柏洛斯**（15°N，205°W）经常呈现为一片突出的宽阔黑暗地带，在卡戎岔口西南方向延伸，并绕过明亮的圆形**埃律西昂**（25°N，210°W）的南部边缘。埃律西昂为火山高原，经常有明亮的地形云体出现。这些特征通常可以通过100毫米的望远镜轻易地观测到。**希布莱乌斯**（35°N，235°W）标志出埃律西昂的西部边缘。在下图中，它看起来很突出，昏暗且呈线状，但在大多数的可见期期间它通常没有那么清晰分明。再往西，在**埃忒里亚**（40°N，230°W）和**埃塞俄比斯**（10°N，230°W）地区经常可以看到模糊的痕迹。在附近，**阿尔库俄纽斯结**（35°N，257°W）形成了一个在有些时候拥有明确轮廓的昏暗节点。在这个节点中有几片模糊的区域，如自**乌托邦**（50°N，250°W）向南发出的**卡西乌斯**（40°N，260°W）和连接**摩里斯湖**（8°N，270°W）和阿尔库俄纽斯结的**透特－内彭西斯**（20°N，260°W）。

　　在赤道以南，刻耳柏洛斯与**客墨里亚海**（20°S，220°W）的西北部连接在一起，这道宽阔昏暗的弧线从塞壬海到245°W，延伸了将近70度。客墨里亚海可以通过小型望远镜轻易观测到。它的北部边缘最昏暗，轮廓最清晰。在良好的观测条件下，通过200毫米的望远镜可以看到相当多的细节。在客墨里亚海南面偶尔就能轻易看到**艾利达尼亚**（45°S，220°W），而在其南面的**克罗尼乌斯海**（58°S，210°W），仅被一道模糊的条痕所标示。

赫斯珀里亚（20°S，240°W）是一片浅色的区域，将客墨里亚海和**第勒尼安海**（20°S，255°W）分开。有时，这两片海域之间的分界并不明显，但第勒尼安海通常是这两者之中较暗的，尽管它可能呈现出相当大的斑点。西部的第勒尼安海与北部的**大瑟**

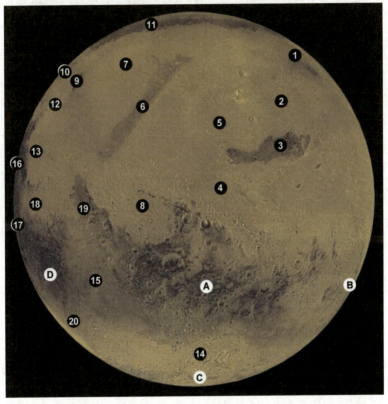

图8.20　区域3的半球，以（赤道，225°W）为中心，顶部为北，标有文中提到的反照率特征。关键词（按首次提及的顺序）：1.普洛彭提斯；2.佛勒格拉；3.卡戎岔口；4.刻耳柏洛斯；5.埃律西昂；6.希布莱乌斯；7.埃忒里亚；8.埃塞俄比斯；9.阿尔库俄纽斯结；10.卡西乌斯；11.乌托邦；12.透特-内彭西斯；13.摩里斯湖；A.客墨里亚海；B.塞壬海；14.艾利达尼亚；C.克罗尼乌斯海；15.赫斯珀里亚；D.第勒尼安海；16.大瑟提斯；17.克洛希亚；18.利比亚；19.小瑟提斯；20.奥索尼亚北；21.奥索尼亚南。字母指经过命名的海。图片源自美国国家航空航天局／谷歌地球／彼得·格雷戈。

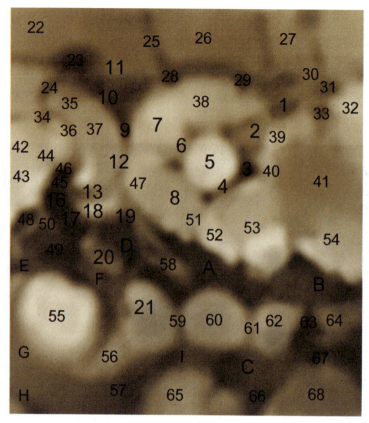

图 8.21 区域 3 反照率地图，以（赤道，225°W）为中心（70°N~70°S，135°W~315°W），顶部为北。额外标记的特征（区域 3 文本未提及）：22. 刻克罗皮亚；23. 科帕伊斯沼泽；24. 北瑟提斯；25. 居奴士；26. 潘凯亚 27. 斯堪的亚；28. 斯廷法利斯湖；29. 赫卡忒湖；30. 迪阿克里亚；31. 卡斯托罗湖；32. 阿耳卡狄亚；33. 欧西努斯湖；34. 北桥；35. 温布拉；36. 尼罗瑟提斯；37. 涅伊特区；38. 刻布壬尼亚；39. 阿扎尼亚；40. 俄耳枯斯；41. 亚马孙；42. 阿拉伯；43. 埃里亚；44. 阿司特沙佩斯；45. 阿雷纳；46. 尼罗湾；47. 阿蒙蒂斯；48. 三角湾；49. 雅庇吉亚；50. 欧伊诺特里亚；51. 库克罗匹亚；52. 埃俄利斯；53. 仄赍里亚；54. 门农尼亚；E. 爱奥尼亚海；F. 亚得里亚海；G. 安菲特里忒海；H. 南海；55. 希腊；56. 刻索尼苏斯；57. 普罗米修斯湾；58. 赫斯珀里亚；59. 克珊忒；60. 艾利达尼亚；61. 斯卡曼得耳；62. 厄勒克特里斯；63. 西摩伊斯；64. 法厄同；I. 克罗尼乌斯海；65. 图勒 II；66. 尤利克西斯海峡；67. 帕利努罗海峡；68. 图勒 I。

提斯（10°N，290°W）在一个偶尔轮廓清晰的交界处连接，此地称为**克洛希亚**（5°S，288°W）。以**利比亚**（0°，270°W）为界，第勒尼安海的北部边缘延伸到一个狭窄的尖锐特征，称为**小瑟提斯**（8°S，260°W），其北端正好接触到赤道。**奥索尼亚北**（23°S，275°W）是第勒尼安海南部的一个区域，有时显得相当明亮，但在其他时候却轮廓模糊。这个区域向南延伸到**奥索尼亚南**（40°S，250°W）。

图 8.22　2010 年 1 月 4 日，世界时 22：30，中央子午线 236 度，相位 2.6 度，倾斜度 17.9 度，相位 97%，视直径 13.0 角秒，星等 −0.9，集成光（左）和黄色 W12 滤光镜。明亮的北极冰冠拥有一道黑暗的边界。大瑟提斯靠近西侧边缘，沿大瑟提斯西侧边缘和南侧边缘的边缘变亮。卡西乌斯变暗，且具有明显的 V 字形。第勒尼安海、赫斯珀里亚海和客墨里亚海都清晰可见。在埃律西昂能看到昏暗、轮廓不明的斑块。在黄色滤光镜中，大瑟提斯以东和以西的亮度明显，卡西乌斯以东和沿该行星南缘的亮度也是如此。在黄色滤光镜中还可以看到埃律西昂向西朝着卡西乌斯有模糊的昏暗延伸。200 毫米施密特–卡塞格林望远镜，285 倍。

8.5 ▎区域4：270°W~360°W

　　第勒尼安海向西北流向赤道，在那里它与大瑟提斯的东南角融汇到一起，大瑟提斯是一片非常突出、宽阔的昏暗三角地带，在冲日时，透过最小的望远镜也能看到。大瑟提斯向北突出，穿过赤道，到达20°N左右。其西部边缘，与**埃里亚**（10°N，310°W）的明亮区域相邻，通常是该特征中最昏暗且轮廓最为分明的部分。其东部边缘，与利比亚和**伊希斯区**（20°N，275°W）相邻，呈现出明显的季节变化。在伊希斯区内有一块轮廓突出的亮斑，就在显眼的摩里斯湖的北面，即使通过小型望远镜观测，有时也很引人注目。大瑟提斯经常呈现出明显的斑驳，其北部偶尔会出现一条狭窄明亮的小径，名为**阿雷纳**（13°N，293°W），它与其他部分分离。在一些可见期内，大瑟提斯的北端显得很尖锐，但在其他可见期内，它显得略带裂叶状，钝钝的或是有棱角。大瑟提斯的北端有时会出现弯曲，并沿着一条被称为**尼罗瑟提斯**（42°N，290°W）的突出蜿蜒条纹进一步向北延伸，在那里它与**北瑟提斯**（55°N，290°W）的昏暗地带相遇，后者与卡西乌斯进一步向东连接。在有些可见期内，大瑟提斯的西北边缘会延伸到一个黑点，从那里有时可以看到一个叫作**阿司特沙佩斯**（25°N，298°W）的细小昏暗条痕。

　　阿拉伯（20°N，330°W）是一片宽阔的浅色沙漠地带，与通常较明亮的埃里亚地区融为一体。其北部边缘在40°N左右，被**初尼罗**（42°N，315°W）和**伊斯墨纽斯湖**（40°N，330°W）的昏暗地带所包围。在它们的西南方，**伊甸园**（30°N，350°W）的沙漠地区横跨纬度40度以上，但只呈现出非常细微的色调变化。

大瑟提斯的南部边缘通常由第勒尼安海和**欧伊诺特里亚**（5°S，295°W）交界处的克洛希亚所界定，这是一片浅色调的地带，与**雅庇吉亚**（20°S，295°W）和**三角湾**（4°S，305°W）的

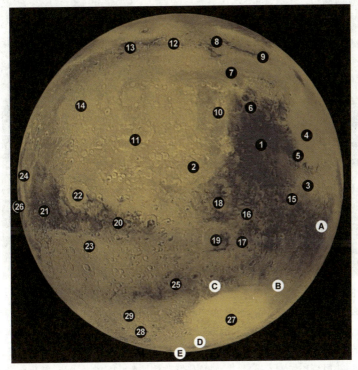

图 8.23　区域 4 的半球，以（赤道，315°W）为中心，顶部为北，标有文中提到的反照率特征。关键词（按首次提及的顺序）：A.第勒尼安海；1.大瑟提斯；2.埃里亚；3.利比亚；4.伊希斯区；5.摩里斯湖；6.阿雷纳；7.尼罗瑟提斯；8.北瑟提斯；9.卡西乌斯；10.阿司特沙佩斯；11.阿拉伯；12.初尼罗；13.伊思墨纽斯湖；14.伊甸园；15.克洛希亚；16.欧伊诺特里亚；17.雅庇吉亚；18.三角湾；19.惠更斯；20.示巴湾；21.子午湾；22.西格乌斯海湾，斯基亚帕雷利；23.丢卡利翁区；24.蒂米亚马塔；25.潘多拉海峡；26.珍珠湾；27.希腊；B.亚得里亚海；C.爱奥尼亚海；D.安菲特里忒海；E.南海；28.赫勒斯滂；29.挪亚。字母指经过命名的海。图片源自美国国家航空航天局/谷歌地球/彼得·格雷戈。

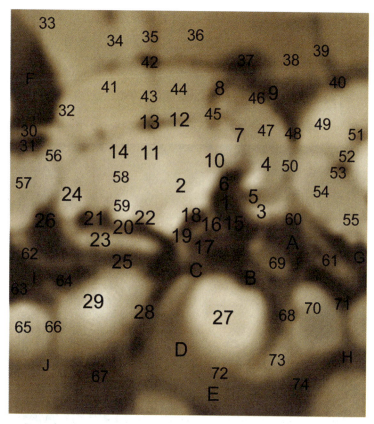

图 8.24　区域 4 的反照率地图，以（赤道，315°W）为中心，顶部为北。额外标记的特征（区域 4 文本中未提及）：F. 阿西达利亚海；30. 阿喀琉斯桥；31. 尼罗湖；32. 塞多尼亚雪顶；33. 汲沦；34. 俄耳梯葵亚；35. 基森；36. 刻克罗皮亚；37. 科帕伊斯；38. 乌托邦；39. 居奴士；40. 锡索尼亚湖；41. 塞多尼亚；42. 阿瑞图萨湖；43. 亚嫩；44. 狄俄斯枯里亚；45. 北桥；46. 阿斯克勒庇俄斯桥；47. 涅伊特区；48. 阿尔库俄纽斯结；49. 埃忒里亚；50. 透特-内彭西斯；51. 摩耳甫斯湖；52. 希布莱乌斯；53. 赫菲斯托斯；54. 埃塞俄比亚；55. 库克罗匹亚；56. 奥克夏；57. 克律塞；58. 摩押；59. 埃多姆；60. 小瑟提斯；61. 赫斯珀里亚；G. 客墨里亚海；H. 克罗尼乌斯海；I. 厄立特里亚海；62. 皮拉区；63. 厄立特里亚低地；64. 伏尔甘海；65. 阿耳古瑞I；66. 阿尔吉罗波洛斯；J. 俄刻阿尼得得海；67. 赫勒斯滂低地群；68. 半人马湖；69. 奥索尼亚北；70. 奥索尼亚南；71. 勒达桥；72. 马莱阿海岬；73. 刻索尼苏斯；74. 普罗米修斯湾。

昏暗斑块相接。在雅庇吉亚上有一个显眼的半圆形缺口（14°S，304°W），有时通过 100 毫米的望远镜就可以轻易看到。埃里亚东部的这个海湾实际上标志着惠更斯撞击坑的位置，那是一个直径达到 467 千米的撞击坑。在埃里亚以南、雅庇吉亚以西约 40 度经度的位置，是**示巴湾**（8°S，340°W）突出的昏暗地带。这个著名的特征通常是在其最昏暗的时候，沿着其北部边缘划分得最清楚，它与**子午湾**（5°S，0°）一起成为著名的"分叉海湾"，它的两个岔口向北延伸穿过赤道，横跨 0 度经线。在示巴湾的北部边缘，经常可以看到一个叫作**西格乌斯海湾**（5°S，335°W）的昏暗半岛。这个特征中一个清晰可辨的海湾标志着另一个大型火星撞击坑的位置，即直径达到 459 千米的斯基亚帕雷利撞击坑。毗邻示巴湾南部边缘的是**丢卡利翁区**（15°S，340°W）的浅色地带，它绕过示巴湾的西部边缘进入**第勒尼安**（10°N，10°W）的明亮沙漠地区。另一片昏暗地带**潘多拉海峡**（25°S，316°W）位于丢卡利翁区的南部边缘，向北弯曲进入昏暗 V 形的**珍珠湾**（10°S，25°W）。**希腊**（40°S，290°W）往往是火星上轮廓最清晰的亮区，位于大瑟提斯正南方向 40 度左右，通过小型望远镜通常很容易识别。其边缘与东北的**亚得里亚海**（40°S，270°W）、西北的**爱奥尼亚海**（25°S，310°W）、西南的**安菲特里忒海**（55°S，310°W）和南部的**南海**（60°S）接壤。一片被称为**赫勒斯滂**（50°S，325°W）的昏暗地带从爱奥尼亚海向西南弯曲，勾勒出了**挪亚**（45°S，330°W）浅色沙漠地区的南部边界。

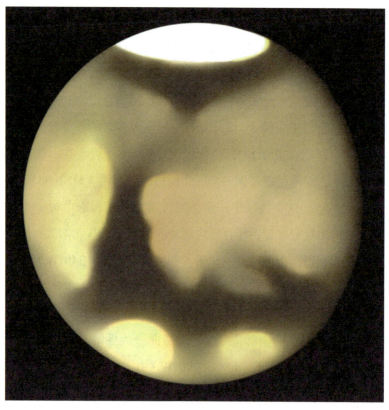

图 8.25　2010 年 1 月 7 日，世界时 01：45，中央子午线 266 度，相位 2 度，倾斜度 17.7 度，相位 98%，视直径 13.2 角秒，星等为 -0.9。伊希斯区接近圆面中心，接着是显眼但昏暗的大瑟提斯。可以看到阿司特沙佩斯和尼罗湖的微弱痕迹，以及大瑟提斯东侧和西侧的轻微投影。希腊的边缘有清晰的轮廓，除了非常庞大的北极冠，它是最明亮的特征。人们可以轻易地观测到小瑟提斯、第勒尼安海和塞壬海，靠近南部边缘的奥索尼亚也有一些亮度。刻耳柏洛斯和卡戎盆口的痕迹极其微弱，但不清晰。乌托邦和阿尔库俄纽斯结也很容易被观测到。200 毫米施密特–卡塞格林望远镜，200 倍，集成光和黄色 W12 滤光镜。

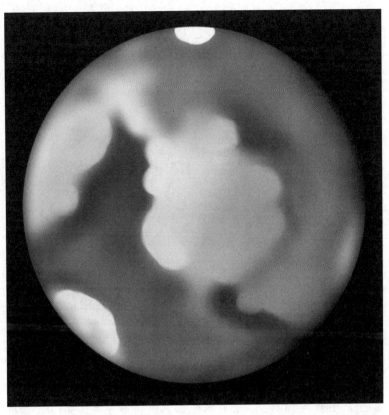

图 8.26 1999 年 4 月 19 日，世界时 00：30，中央子午线 276 度，相位 38 度，倾斜度 16.6 度，相位 99%，视直径 15.1 角秒，星等 –1.4。圆面中心附近是明亮的利比亚区域，后方是突出昏暗的大瑟提斯。阿司特沙佩斯清晰可见，大瑟提斯东侧和西侧的投影也是如此。明亮的希腊在边缘上轮廓清晰。能轻易观测到小瑟提斯、第勒尼安海和塞壬海，靠近南部边缘的奥索尼亚有一些亮度。刻耳柏洛斯很微弱，但在埃律西昂以东可以追踪到昏暗且轮廓不明的卡戎岔口。明亮的厄费里亚位于前导边缘。可以看到阿尔库俄纽斯结和透特–内彭西斯，同时还有靠近下方边缘的北桥。北极冰冠很小，但很明亮。150 毫米牛顿望远镜，200 倍，集成光。

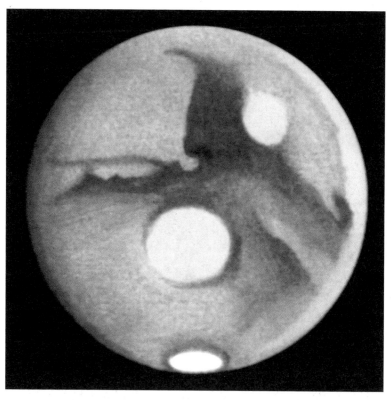

图 8.27　1988 年 10 月 30 日，世界时 00∶05，中央子午线 304 度，相位
333 度，倾斜度 −24.3 度，相位 95%，视直径 18.8 角秒，星等 −1.9。黑暗
而轮廓清晰的大瑟提斯正在离开中央子午线。从大瑟提斯的北端可以看到
阿司特沙佩斯的一隅。利比亚很明亮，还能看到小瑟提斯，但摩里斯湖和
伊希斯区没有清楚的轮廓。雅庇吉亚周围一片较昏暗的区域有一小个半圆
形海湾，可能是惠更斯撞击坑。沿着其北部边缘，示巴湾的轮廓清晰可见，
西格乌斯海湾也很明显，那里是斯基亚帕雷利撞击坑的所在地。明暗分界
线向西变暗，但看不到子午湾。可以看到在示巴湾以北有一道与之平行的
微弱线型痕迹。圆面中心下方是明亮的希腊，轮廓清晰。在较明亮的前导
边缘处，可以看到昏暗的阿蒙蒂斯和昏暗的刻耳柏洛斯 III。明亮的南极冰
冠有一道昏暗的边界，沿其边缘没有观测到不规则的地方。300 毫米牛顿望
远镜，200 倍，集成光。

/ 第九章 /

记录火星

9.1 肉眼观测

为了看到火星上更精细的细节，火星与地球的良好天气条件必不可少。从地球表面看，我们隔着一层厚厚的大气层——99%的大气层仅有 31 千米厚。火星在天空中出现的位置越低，它的光线就必须穿过更多的大气层才能被敏锐的观察者看到。在接近地平线的地方，它的光线会减弱，湍流的程度也会增加。

大多数问题发生在大气层底部 15 千米处。云是天文观测最明显的阻碍，但即使是完全无云的天空也可能对望远镜观测毫无助益。大气层中不同大小（2~20 厘米）和密度的气室对光线的折射略有不同。最严重的湍流是在气室剧烈混合时产生的，这会使来自天体的光看上去跳来跳去。观测者的直接环境对成像的好坏也起着重要作用。带到野外的望远镜需要一些时间来冷却。散发热量的烟囱、房屋和工厂屋顶会产生暖空气柱，与夜间的冷空气混合，造成图像变形。

地平纬度无可替代。要想在任何一个晚上最大限度地一览火星，如果当地条件允许的话，最好是在它到达尽可能高的位置时观测。在 2022 年 12 月 8 日，火星在金牛座的冲日赤纬达到 25 度——从伦敦和纽约观测的中天高度分别为 64 度和 74 度，但从悉尼观测只有 31 度。在最近几年中，火星冲日时的最低赤纬出现在 2018 年 7 月 27 日。火星在摩羯座 –25 度处出现——距离伦敦和纽约的中天高度仅为 14 度，但距离悉尼则为 81 度。

到了世界一流的天文台，在条件极佳的夜晚里，视宁度为 0.5 角秒，而最差条件下的夜里只有 10 角秒。在视宁度不佳的夜里，只值得耗费最小的气力去观测火星，因为地球大气层中的湍流会使火星看上去闪闪发光，这样一来辨别不出任何精细的细节。对于我们大多数人来说，无论使用何种尺寸的望远镜，视宁度都很少能让我们分辨出超过 1 角秒的细节。而更多情况下，150 毫米的望远镜显示的细节和 300 毫米望远镜的一样多，尽管后者的聚光区是前者的 4 倍。只有在视宁度真正良好的夜晚，才能体验到大型望远镜分辨率的好处——这样的条件可不常有！

9.2 ❘ 铅笔速写

　　与太阳系天文学的许多其他分支不同，有能力的肉眼观测者仍然可以通过观测呈现出与最佳业余 CCD 图像相比肩的细节。肉眼观测者可以最大限度地利用普通的视宁度条件，在视宁度提升时，剥离出更多的行星细节。

　　火星的观测图通常是在直径 50 毫米的圆形空白图上进行绘制，但月球和行星观测者协会火星小组所使用的是直径 42 毫米的空白图（理由是火星直径为 4200 千米），但这往往有点太小了，无法尽如人意。在观测之前，最好在轮廓空白处标明火星的相位和其自转轴的方向，而不是在目镜前猜测。在各种详细的火星天体位置表中给出的表格信息可以构建出一副准确的空白框架。要做到这一点，《英国天文学协会手册》给出了以下相关信息：P＝北极的位置角，自圆面北点向东测量的角度；Q＝最大圆面未

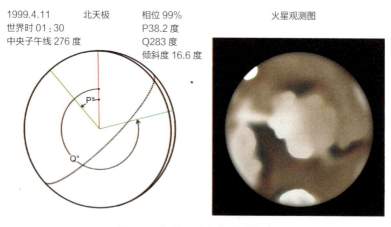

1999.4.11　　　北天极　　　相位 99%　　　　火星观测图
世界时 01：30　　　　　　　　P38.2 度
中央子午线 276 度　　　　　Q283 度
　　　　　　　　　　　　　倾斜度 16.6 度

图 9.1　火星观测空白图的构建

照亮区的位置角（相位达到最大宽度的点），自圆面北点向东测量的角度；相位（照亮圆面的百分比或分数）；倾斜度＝火星北极的倾斜度，朝向（正值）或远离地球（负值）。这些信息是以 10 天为间隔给出的，所以通常需要对数据进行一些插补。许多天文计算机程序会显示一个图形，呈现出一张叠加在火星图像上的精确经纬度网格，以及其他基本信息。

在观测过程中，事先了解行星的中央子午线也是一大助益。天体位置表，包括《英国天文学协会手册》，都给出了每天世界时 0 点的中央子午线位置数据，然后可以根据观测的时间进行加减（见下文，中央子午线凌星计时）。许多观测者通过合适的计算机程序免除数学运算，以呈现观测过程中展现的半球图形演示。然而，一定要记住的是，计算机显示器上显示的特征形状与强度可能与透过目镜的实际视图有诸多出入，因此必须只能将其视为一个指导。

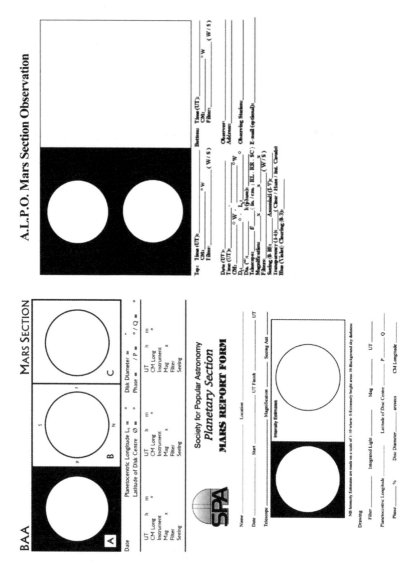

图 9.2　由英国天文学协会火星分会、大众天文学协会行星分会与月球和行星观测者协会火星分会制作的火星观测表格。

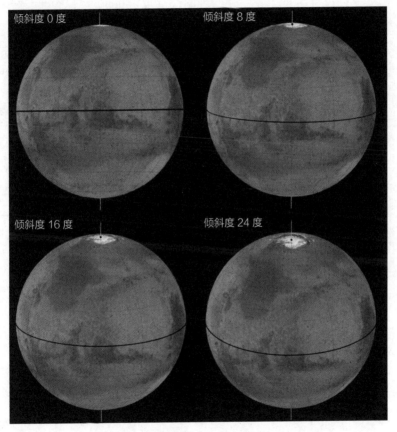

倾斜度 0 度　　倾斜度 8 度

倾斜度 16 度　　倾斜度 24 度

图 9.3　火星的拟似倾斜，偏向该行星的北半球。

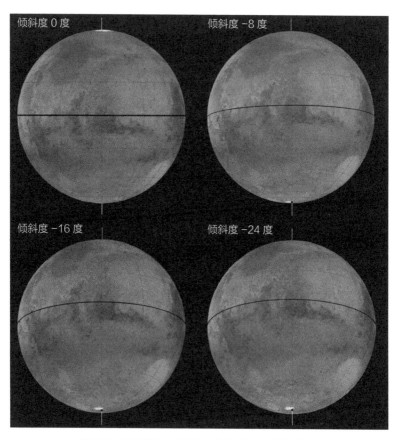

图 9.4　火星的拟似倾斜，偏向该行星的南半球。

9.3 ┃ 绘制速写

　　肉眼观测者应试图尽可能准确地去描绘火星。描绘的图画不必是伟大的艺术杰作，也不能因哪个观测者的作品看起来更漂亮而去认为它比另一个人的作品更有价值。这样做旨在通过目镜去看到行星的精细细节，并尽最大努力将其记录下来，它们将是你努力的成果，也是你行星探测的永久记录。可别把它们扔了——把你所有的观察结果放在一个文件夹里，你或许会惊喜地发现，随着时间推移，你的行星描绘技巧有了很大的提升。

　　准备不充分往往会导致失望的结果。我们经常可以看到未来的行星观测者在目镜前瞎摸索——一手拿着铅笔，一手拿着速写簿，嘴里还叼着手电筒——试图通过徒手或挨着目镜筒边缘画出行星的轮廓。

　　使用标准的英国天文学协会、大众天文学协会或月球和行星观测者协会的火星观测表，或为自己准备一个相位校正的空白大纲。如果除了铅笔速写外还要进行亮度估算的话，应在同一张纸上并排画出两个相等的空白，这将尽量减少在两张纸上留下重复细节的情况，并避免在速写和亮度估算分开时出现混乱。

　　在打印报告表时，我使用了单色激光打印机和 100 克重白纸，因为喷墨打印有一个让人懊恼的特质，那就是一旦受潮就会出现污迹。建议你使用一套软铅笔，硬度在 HB 到 5B 之间。为自己将每次观测绘图的时间设置为半小时左右是合理的。耐心不可缺少——即使云层有可能遮挡住观测星球的视线，或者你的手指冻到发麻——因为匆匆而就的速写一定不准确。

如果你匆匆忙忙地安好望远镜就直接展开观测，那你就别指望能在火星上看到太多细节。如果你把望远镜从温暖的室内带到较冷的室外，你得让望远镜有一段适应和冷却下来的时间。这对于像施密特－卡塞格林和马克苏托夫－卡塞格林望远镜这样的密封管仪器来说尤其重要。不然你会由于湍急的气流而获得糟糕的图像，这样一来也不值得进行观测。

观测图一大明显的起始点便是行星明亮的极冠。接下来，可以轻轻地勾勒出更为突出的昏暗特征的轮廓，以及任何特别明确的明亮特征。使用软铅笔可以让你在必要时擦除掉一切。最好不要去描绘行星周围的昏暗天空。一旦主要特征的轮廓定下了，就应该把精细的细节和更明显的色调阴影留到最后。你不太可能看到任何相当昏暗的特征，但任何不寻常的昏暗区域都应该用软铅笔在纸上施以最小的压力来绘制，而不是用力压笔涂出一个单层。软铅笔的晕染效果极佳，沿着明暗分界线或云层特征的边缘很好地施加晕染，可以营造出顺滑的浑然一体效果。

任何火星的图画，无论多么详细，都不可能完全表达出视觉的印象，所以许多观测者都会在他们的草图上做注解。比如，除却每张观测图都必不可少的重要观测数据外，还应提到一些可能被观测到但没有被充分描绘出来的模糊或不确定的特征。

9.4 虚拟速写

使用石墨铅笔意味着这颗红色星球历来是以灰色调来描绘的，毕竟，当人们坐在望远镜目镜前的黑暗中时，用彩色铅笔画（或用粉彩或颜料描绘）相当困难。庆幸的是，新技术已然为观测者提供了帮助——用便携式计算机开展虚拟速写，在观测速写上添加颜色就像绘制灰度图一样容易。

在这里，便携式计算机指的是任何独立的触摸屏设备，体积小到可以让人在望远镜的目镜前舒适地使用。这个定义包括 PDA（个人数字助理）、平板电脑（可以在各种系统上操作，从 Windows 到 Android）、iPhone 和 iPad。这些都可以用各种能够替代铅笔的触控笔来操作。然而，必须指出，用于 iPhone 和 iPad 触摸屏幕的手写笔需要一个大些的笔尖，接触面积要够广。因此，与 PDA 所使用的更顺滑的触控笔相比，iPhone 和 iPad 在精确地控制绘图时遭遇的问题更大。

便携式计算机上有许多优秀的绘图程序。我经常在我同样老旧但可靠的 PDA（SPV M2000，Windows Mobile 2003 SE 操作系统）上使用一个古早但可靠的绘图程序 Mobile Atelier。8 位 BMP 格式保存图像，分辨率 240×320 像素。这种程度的分辨率对于在目镜前进行一般的天文电子素描，包括绘制火星的圆面图来说刚好。更详细的图画可以用其他程序绘制。其中我最喜欢的要数 Pocket Artist 3，其功能相当全面。

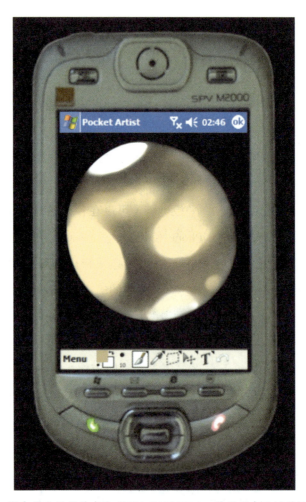

图 9.5 图中展示的是作者的 SPV M2000 PDA，展现出在目镜前绘制的典型火星观测虚拟速写。

9.5 | 线框图与亮度估测

　　外形图可作为在目镜前绘制阴影图的替代或辅助手段。带有注释的线框图可以和铅笔绘制的素描的信息量相当，但是这种技术不应该被认为是色彩画快捷简易的替代品，我们应该像描绘细节那般投入同样的细致态度。亮度估计是线框图的一个有价值补充。这里要求观测者对图画中每个不同区域的亮度进行估计。会用上 0~10 的等级，0 代表明亮的白色极冠，10 代表黑色的夜空。当亮度被估计为 2 时，火星明亮的沙漠地区的亮度可能会被估计为 4，而特别昏暗的特征可能会达到 7 的亮度等级。

　　火星的表面特征可能会有短暂的季节性变化，或者是在若干次可见期之间发生变化，因此标示出特征可见期亮度可以有效地监测这些特征。在亮度估计方面有丰富经验的老手往往对这一技术相当熟稔，甚至可以用上一些小数点。亮度估计不应使用滤光镜，而只用集成光进行观测。

　　眼睛能够区分成百上千种的灰度，所以一个老练的观测者可以轻易地对基本比例尺进行更进一步的细分。与变星估测不同，它们往往是定性而非定量的视觉估算。此外，视错觉会给观测者虚晃一枪——当两个实际上同色调的区域被放在不同亮度和对比度的区域旁时，可能会呈现出大不相同的色调。

9.6 ┃ 复制你的观测结果

很少有人能够在目镜前绘制出完全没有错误的观测图。因此，当场景还在你脑海中保持鲜活之时，最好是在观测结束后尽快整理出一版整洁的观测图副本，因为准确的记忆往往会很快消失。在室内绘制的新图要比原来的望远镜草图准确得多，因为观测者能够回忆起最初草图上的一些细节，这些细节可能不太准确，需要在整洁的图上加以纠正。与 CCD 图像传感器捕捉的图像不同，观测下的许多细节都在观测者的脑海中，只有用心观测才能看到。

将绘制于目镜前最粗糙的图画进行转化，更准确地去描述观测到的东西，这是完全有可能做到的。我自己在目镜前绘制了一些观测图（有几张我不好意思承认，因为在野外时缺乏资源，是用了圆珠笔在横格纸上草草画下的），它们本身就没什么价值，也不准确，看着很难受。然而，它们真正的价值转瞬即逝，只有在观测结束几个小时后观测者才能获得，并且只有在崭新整洁的观测图中才会显现出来。你为最初望远镜草图绘制的整齐副本可以作为进一步绘图的模板，或用以电子扫描与复印。

复印的图画可以用各种媒介准备。使用稀释墨水绘制就可以达到极佳效果，若是出于展览这种在更大规模下制作观测副本的目的，广告色颜料或丙烯酸颜料是最佳选择。这两种绘制技术都需要熟练的画技，虽然本书无法描述其中的方法，但实践、实验与坚持不懈的努力会带来巨大的回报。

在制作实物画时，在光滑的白纸上用软铅笔绘制是迄今为止最快捷、最随意的方式。铅笔画完成后，需要喷上固定剂，这样不小心擦到的话也不会弄脏。普通的复印店影印的黑白铅笔画不够资格提交给天文学会的观测部门或在杂志上发表，因为画中的全部色调捕捉不到，而且可能会显得暗淡并且有颗粒感。但现在，大多数行星观测部门都愿意接受高质量的激光打印或数字扫描的图像。一些商业杂志可能会坚持要原件，或者至少要提交高质量、高分辨率的扫描件。

　　虽然你会很想丢掉旧图，但它们是你在目镜前的观测与努力的永恒记录。至少，将之前的观测结果与最近的相比较，可以证明你的观测和记录技巧有了很大提升。原始的图画可以作为你所属天文协会观测部门后续副本的基础，或者用于出版。出于这些原因，一定要保留你的初稿，供未来参考。用一个文件夹或一个环形活页夹来存放你的火星原画，把每张图放在一个透明的聚乙烯塑料袋里，并将它保存在一个洁净干燥的环境中。

9.7 ┃ 书面笔记

所有观测图都应该在同一页面上附有笔记，标示出行星的名称（避免把金星和水星搞混——这事可能发生）、日期、观测的起止时间（世界时）、器械与使用的倍率、采用集成光还是滤光镜，以及观测条件。在望远镜目镜前做的简短书面笔记或许能指出观测到或是推测到的某些不寻常或是有意思的特征。这些特征可能没必要或者不足以用你的图画描绘出来。

日期与时间：全世界的业余天文学家们使用世界时（UT），与格林尼治时间（GMT）一样。观测者需要了解他们所在世界时区电邮的时差，以及当地夏令时的调整，并相应地将其转换为世界时——日期也应调整。时间通常是以 24 小时为单位，例如，世界时下午 3 点 25 分可以写成 15：25、1525 或 15 h 25 m UT。

视宁度：为了估计天文观测的质量，天文学家们会参考两种视宁度等级中的一种。在英国，许多观测者使用安东尼亚第视宁度，它是专为月球和行星观测者而设计的。

AI：视宁度完美，没有颤动。如果需要，可以使用最大的倍率。

AII：视宁度良好，有轻微起伏，有持续数秒的平稳时刻。

AIII：视宁度中等，有较大大气震颤。

AIV：视宁度差，有持续性的干扰起伏。

AV：视宁度非常差，图像极其不稳定，连行星的相位都可能无法辨别，几乎不值得尝试观测。

在美国，视宁度往往以皮克林视宁度从 1~10 来划分等级。该等级根据通过一架小型折射望远镜所呈现出的高度放大的星体及其周围的艾里衍射图样而进行设计。艾里衍射图样是经由光学引进的人工产物，会根据其光程中大气湍流的程度而发生扭曲。在完美的视宁度条件下，星体看起来就如一个微小的亮点，在周围始终显出一整套完美的环状物。当然，大多数行星观测者并不是在每次观测过程中都要检查星体的艾里衍射图样，而是会根据明亮星体图像的稳定性来进行估计。

P1：视宁度最差。星体图像经常是第三个衍射环（如果可以看到这个环的话）直径的两倍。

P2：视宁度极差。星体图像偶尔是第三衍射环直径的两倍。

P3：视宁度非常差。图像的直径与第三环相同，中心较亮。

P4：视宁度差。通常可以看到圆面中央，有时可以看到弧形的衍射环。

P5：视宁度中等。圆面持续可见，可以经常看到弧形。

P6：视宁度中等至良好。圆面持续可见，短弧持续可见。

P7：视宁度良好。圆面有时清晰可见，可以看到衍射环呈长弧或完整的圆圈。

P8：视宁度优秀。圆面持续清晰可见，可以看到衍射环呈长弧或完整的圆圈，但在运动中。

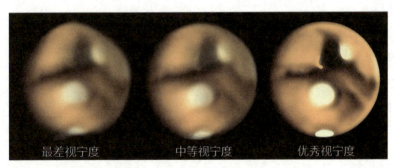

图9.6 视宁度影响目镜中成像的质量。这里模拟了最差视宁度（不值得制图）、中等视宁度和优秀视宁度下目镜中的成像。

P9：视宁度极佳。内环静止，外环暂时静止。

P10：视宁度完美。完整的衍射图样静止。

如果只用一个简单的数字对视宁度进行估计，却不说明是按安东尼亚第还是皮克林的标准，就会造成极大混乱。因此，除了用字母和数字（AI~V 或 P1~10）来标示视宁度外，还要对其进行简要的书面描述，如，"AII：视宁度良好，偶尔有极佳视宁度的时刻"。

条件：说明当时的天气状况，如云量、风速、风向以及温度。

透明度：大气透明度质量。透明度随大气中烟雾和灰尘颗粒的数量以及云雾的变化而变。工业和生活污染导致城市和周边地区的透明度变差。通常使用 1~6 的透明度等级，根据可用裸眼观测到的最弱星体的星等来决定。

9.8 火星数据

　　火星相关的诸多必要信息都发表在年度天文星历表中，像是《英国天文学协会手册》和《多年交互式计算机统计年鉴》（MICA，由美国海军天文台出版）。许多计算机程序和在线资源也提供了这一重要信息。天文星历表中给出的火星典型数据包括：

　　火星与冲日和相合的日期。

　　日期（以等距的增量形式呈现，如 5 日间隔）。

　　行星的天体坐标，以赤经（RA）和赤纬（Dec）表示。

　　星等（最接近 1/10 的星等）。

　　视直径（以角秒为单位）。

　　相位（以百分比或小数形式呈现，如 97% 或 0.97）。

　　距角（以度为单位，E 表示为正值，W 表示为负值）。

　　中央子午线（CM）火星经度，既定每天时隔 00 世界时。

　　以天文单位（AU）计算的与地球的距离。

9.9 滤光镜作用

集成光观测揭示了大量火星表面的特征和大气现象，但使用滤光镜可以对这颗红色星球的印记与大气进行更深入的检查。重要的是，滤光镜的作业要求在于特定光线下所产生的图像要相当明亮——试图使用一个只能提供非常暗淡图像的滤光镜进行观测是毫无意义的。

最常用的滤光镜类型是红色（Wratten 25）、橙色（Wratten 21）与黄色（Wratten 15）。红色、橙色和黄色滤光镜令昏暗的表面特征更容易被看到，并会改善明亮沙漠地带不太明显印记的清晰度。火星上不时吹起的黄色沙尘暴通过这些滤光镜显得更加明亮，尤其是在红光下。黄色（Wratten 15）和绿色（Wratten 58）滤光镜可以提升低空地形云的可见度。

图 9.7　适用于肉眼观测的滤光镜。红色（W25）、黄色（W15）、蓝色（W44A）和绿色（W58）。

使用蓝色（Wratten 44A 和 80A）和蓝紫色（Wratten 47）滤光镜可以揭示出大气层边缘的亮度、雾霭和高空地形云，同时维持极地的相对亮度，又同时削弱了昏暗表面特征的对比度。在火星大气层中偶尔会发生一种被称为"蓝洁化"（blue clearing）的现象，也许要持续几天。这时，使用蓝色滤光片（观测者以 Wratten 47 为标准）可以更容易地看到表面特征。出现这一现象的确切原因还不太清楚。要有效使用 Wratten 47 滤光镜，至少需要一个 200 毫米的望远镜，因为其光透射低。

为了评估火星大气层的状态和蓝洁化的程度，我们使用了以下的尺度：

0. 看不出任何昏暗的表面特征；

1. 隐约可见一些昏暗的表面特征；

2. 容易看到昏暗的表面特征；

3. 表面特征几乎与在集成光下一样清晰可见（非常罕见）。

9.10 中央子午线凌星计时

　　想象有一条贯穿行星圆面中心连接两极的线，这条线便是"中央子午线"。在过去，记录穿过这条线的时刻的特征是绘制行星地图的一大重要手段，特别是对于火星、木星和土星来说。而火星的自转速度比木星和土星慢得多，且火星往往显示相位，阻碍了对火星特征穿越中央子午线的时间进行准确测定。因此，很难判断火星的中央子午线的位置。

　　当火星两极中的任何一极向地球重度倾斜时，随着行星的自转，这些特征会在圆面上出现一条明显的弯曲路径。在冲日前，当火星的后随边缘被彻底照亮时，一个显眼的特征会出现在后随边缘附近，并在大约五个半小时内经过火星的中央子午线。这个特征将以在比到达子午线更短的时间内消失在火星前导边缘的晚间明暗分界线上——确切时间取决于火星的相位。接近冲日之时，火星被完全照亮，前导与后随边缘浮现出清晰的轮廓。在冲日后，后随边缘被早晨的明暗分界线所侵占，特征从明暗分界线到达中央子午线的时间将远远短于它们从中央子午线到消失在完全照亮的前导边缘附近的时间。

　　尽管火星在其自转轴上的旋转速度是木星的 2 倍以上，但仍有可能在几分钟的精确度下估计出火星特征的中央子午线通过时间。木星的优点是显示的相位较少，而且几乎是正对着地球。由于它的带和区或多或少地呈现为直线，其特征看上去只是沿着一条直线从一个边缘移动到另一个边缘，因此木星中央子午线的位置相当容易在头脑中描绘出来。虽然沿着火星中央子午线的一点通常可以从任一明亮极冠的位置判断出来，但保险起见，应查阅详细的行星星历表或计算机程序来计算行星自转的精确方向与其中央子午线的角度。

虽然火星常规特征的中央子午线凌星计时可能不具有巨大的科学价值，但记录它们令人心情愉悦，还让观测者能够根据天文星历表和计算机程序中给出的行星经度计算结果绘制出独立的行星特征地图。而凌星计时在确定那些特殊火星特征的位置方面具有科学价值，如明亮的地形云或局部的沙尘暴，或任何不寻常的瞬间现象。重要的是，观测者不应该因为在同一时刻有其他拥有更大望远镜、更好设备的人正在进行观测，就觉得自己的观测毫无意义。许多重大的行星发现都出自业余"发烧友"。在大多数其他观测可能忽视掉的某个天体可见期的起止期间，他们做好了准备，对太阳系天体进行观测和记录。

9.11 在平均时间的间隔内火星经度的变化

表9.1

小时	度	小时	度
1	14.6	6	87.7
2	29.2	7	102.3
3	43.9	8	117.0
4	58.5	9	131.6
5	73.1	10	146.2

分	度	分	度	分	度
10	2.4	1	0.2	6	1.5
20	4.9	2	0.5	7	1.7
30	7.3	3	0.7	8	1.9
40	9.7	4	1.0	9	2.2
50	12.2	5	1.2	10	2.4

案例

2003 年 8 月 28 日，大瑟提斯北端在世界时（UT）22：18 经过火星中央子午线。根据星历，8 月 29 日 00：00 的火星中央子午线经度数字为 320.5 度。22：18 和 00：00 之间差 1 小时 42 分，结合上表，换算成经度：14.6 度（1 小时）+9.7 度（40 分）+0.5 度（2 分）=24.8 度。从 320.5 度中减去 24.8 度，可以得出大瑟提斯北端的经度为 295.7 度。

火星成像

在相同条件下，传统摄影技术所呈现的火星细节，远不如望远镜目镜成像所呈现的多。在 20 世纪最后 10 年 CCD 成像技术成为业余天文学家手中的强大工具之前，在望远镜目镜前作画是记录火星上精细细节与微妙阴影的唯一手段。

很少有专业的天文台将大望远镜对准火星——要么是为了给游客和学生留下深刻印象，要么是为了测试新设备。当然，许多业余天文学家从不考虑系统性的研究，而是偶尔选择观测火星，因为它们提供了纯粹的挑战和视觉乐趣。

火星的成像和观测图绘制几十年来完全由业余天文学家完成。令人高兴的是，火星为观察者提供了大量趣味。事实上，热忱的业余爱好者有很大的机会发现瞬息万变的火星大气现象。

9.12 传统摄影

　　透过小型望远镜常常可以看到火星美丽明亮的清晰图像，因此，相机能够轻易地捕捉到同样的图像似乎也说得通。火星的亮度往往足以让几乎所有的传统胶片相机通过目镜对准火星。但使用普通的胶片相机——无论是简单的袖珍相机还是35毫米的单反——成功地拍摄行星可能是一个相当困难和复杂的过程。数字摄影现在已经令胶片摄影过了时，但仍有一批"死忠"的制图者仍在使用古早技术来捕捉天体。

　　一架带赤道驱动的望远镜和一台牢牢固定的相机，将行星保持在视野范围内的稳定中心是使用传统胶片拍摄火星的关键。虽然肉眼观察者可以应对行星在没有赤道驱动的望远镜的视野范围内的漂移运动，但最轻微的运动都会在摄影图像中产生动态模糊。曝光时间越长，模糊程度越大。

9.13 ▎无焦摄影

　　无焦摄影是指用非单反小型胶片机或数码相机通过远距离目镜拍摄物体的过程。基本的小型胶片机和数码相机都有固定的镜头，通常预设为对准从几米远到无限远的物体。由于它们为标准摄影预设了曝光量，所以无法出于天文目的进行微调。然而，它们适合为火星这样明亮的行星进行成像。

　　非单反胶片机和一些袖珍数码相机的取景器略微偏向摄影光轴的一侧——对于快速和简单地合成日常图像来说不错，但完全不能用于无焦摄影，因为它不会显示正在投射到相机中的火星成像。鉴于在使用普通胶片机进行无焦摄影时，看不见透过相机的视野，火星必须在一台精确对准的寻星镜的十字准线上排好，并在成像者无法看到图片构图的情况下进行拍摄。

　　用多数袖珍数码相机进行无焦摄影要容易一些，因为投射到相机 CCD 芯片上的图像会显示在相机后方的电子显示屏上——尽管那是一个有点粗糙的小型 LCD 屏幕。数码相机是为日常使用而设计的，因此在试图拍摄火星时，它们的自动设置可能会带来相当大的问题，所以为了获得最佳效果，必须对相机的各种设置进行调试。

　　首先，用眼睛通过望远镜的目镜对准火星，然后将相机放在靠近目镜的位置并紧紧拿住。如果相机上有调焦装置，最好调到无限远。一些基础相机是在没有任何附件的情况下使用的，所以需要制作上一些临时相机适配器，将其与望远镜相匹配——许多相机都很轻，可以用一点蓝胶布和电工胶带临时固定在望远镜上。如果你的相机在机身底部有一个标准的三脚架轴封套的话，就能固定得更牢，或将其安装到市面上望远镜的相机支架上。

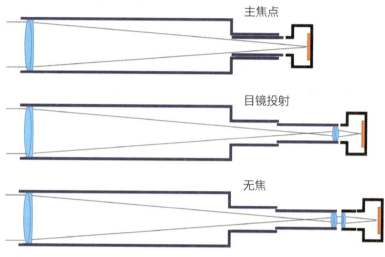

图 9.8　三种成像技术——主焦点、目镜投射和无焦成像。

9.14 单反胶片机摄影

　　单反相机通过镜子、棱镜和目镜将来自被摄物的光线通过主相机镜头引导到眼睛。取景器中的区域正是将会被纳入最终图像的区域。当你按下快门按钮时，镜子立即从光路中翻转出来，令它直接投射到胶片上。

9.15 ┃ 胶片种类

胶片的感光度指标（ISO）表示它的速度 ——ISO 越高，胶片成像的速度就越快，需要的曝光时间就越短。200 ISO 是一种中速胶片，普通的廉价 200 ISO 彩色打印胶片对刚起步的行星摄影师来说是很好的实验耗材。胶片质量往往因品牌而异，甚至同一"预算"品牌的不同批次之间也有差异。较慢的胶片有更细小的颗粒，能够捕捉到更多细节，而颗粒度随着胶片的 ISO 等级提升而增加，在拍摄普通尺寸的照片时，这一点可能不明显，但放大后会清楚地显示出差异。用慢速胶片拍摄的照片比用快速胶片拍摄的照片放大率会更高。但慢速胶片也有缺点，即它所需曝光时间更长。用普通胶片拍摄行星的高倍率照片，需要准确地驱动赤道仪。

那些最惊人的火星照片是单反相机所拍摄的广角黄昏图景。它们是用单反相机架在望远镜上拍摄的，甚至是安装在一个赤道仪的三脚架上。这类图片的构图在很大程度上是与品位挂钩的。但有一些用于拍摄一个足够有趣与壮观的广角图片的基本规则，值得列入每日天文图片的网站。首先，这需要一个有趣的前景，比如说，一个历史遗迹、一片自然风景区或一座城市的全景图。像火星这样的明亮天体在水体中的反射，可以很好地衬托出一张图片。诸如火星接近月球、其他行星和深空天体等画面，会令人难以忘怀。因此，把你最爱的天文杂志上的天空日记页面扫描下来，或使用你的电脑天文程序，去留意合适的摄影机会。

9.16 主焦点摄影

当一台相机的机身（除去镜头的相机）连接到一架望远镜（除去目镜）上时，落在 CCD 芯片或胶片上的光线是在望远镜的物镜（或镜子）的主焦点上。传统的主焦点摄影，即使是用长焦距望远镜拍摄，也会产生一张小型的行星图像（在 35 毫米胶片上很小）。一个巴洛倍镜（标准的巴洛镜头有 2 倍和 3 倍两种倍率）将有效地增加望远镜的焦距，产生一个放大的图像。通过相机的取景器，使用望远镜自己的调焦器，将一颗行星调到主要焦点。这个过程往往要求没那么严格，绝不像使用目镜投影的图像聚焦那样精确（见下文）。

主焦点行星成像被广泛地用于网络摄像机和天文 CCD 相机。与 35 毫米胶片相比，CCD 芯片很小，所以它们提供的有效放大率要大得多（见下文数字成像）。精确对焦至关重要，最好使用电子对焦器，而不是手动摆弄旋钮。

9.17 ⏺ 目镜投射

　　高倍率的行星照片可以通过将目镜插入望远镜，然后将图像投射到相机中，拿掉镜头来实现。适配器可广泛用于标准尺寸的目镜架（1.25 英寸[①]和 2 英寸直径）和各种型号的单反相机机身。无畸变目镜和普罗素目镜可提供视野平坦的清晰图像。目镜投影将提供远高于主焦点摄影的放大率图像，放大程度取决于望远镜和目镜的焦距，以及目镜与 CCD 或胶片底板的距离。较短焦距的目镜将提供更高的放大率，增加目镜与 CCD 或胶片底板的距离也会增加放大率。通过相机取景器直接观察放大的行星图像，并调整望远镜的调焦旋钮，直到行星出现鲜明的焦点，即可实现调焦。

图 9.9　使用 200 毫米施密特–卡塞格林望远镜的数码相机进行无焦成像。

---

①　1 英寸等于 2.54 厘米。——编注

9.18 | 数字成像

CCD 是一小块扁平的芯片——在大多数商用数码相机里约莫有火柴头直径大小——它由一个微小的光敏元件排列组成，称为像素点。光线照射到每个像素上被转换成一个电信号，这个信号的强度与照射到上面的光线亮度直接对应。这种信息可以以数字方式存储在相机自身的存储器中，或传输到个人电脑上，在那里它可以被处理成一个图像。最低端的 30 万像素数码相机的 CCD 有一组 640×480 像素的低端排列，而 1000 万像素的相机能有一个 3872×2592 像素的芯片。

网络摄像头和专用的天文 CCD 相机使业余天文学家以相当简陋的设备即有机会获得相当满意的火星图像。数字图像比在照相馆暗室里的传统照片更容易增强和处理。尽管几乎任何人都可以通过一个小型望远镜对准 CCD 相机拍摄一张可接受的行星快照，但它需要相当的技能和专业知识——在现场，以及之后来到电脑前——制作出展示表面细节的高分辨率图像。

9.19 ┃ 摄像机与录像机

    摄像机有固定的镜头,镜头必须通过望远镜的目镜获取远焦。影响传统胶片机和数码相机进行无焦成像的问题同样适用于摄像机。摄像机往往比数码相机更重,因此必须尽可能扎实地与望远镜目镜连接在一起。一些在拍摄无焦行星图像时用于固定数码相机的设备,也可以用来固定轻型摄像机。

    数字摄像机最轻便也最通用,它们的图像可以很容易地传送到电脑上,使用与网络摄像机所获图像相同的技术进行数字编辑(见下文)。一旦下载到计算机上,数字录像的每个帧都可以单独取样(低分辨率),使用特殊软件进行堆叠可以产生详细的高分辨率图像,或组合成可以转移到 CD-ROM、DVD 或录像带的片段。这个过程可能很耗时——运行视频片段和处理图像的时间可能远远超过实际拍摄片段的时间。数字视频编辑还需要消耗大量的计算机资源,包括内存和存储空间——计算机的 CPU 和显卡越快越好。至于最基本的视频剪辑编辑,电脑硬盘上至少要有 5GB 的空间。

图 9.10　在 2002 年 5 月 3 日这个难忘的夜晚，作者使用 127 毫米的马克苏托夫–卡塞格林望远镜和一台摄像机，在短短几分钟内观测并捕捉到了所有著名的行星——水星（左上）、金星（右上）、火星（中间）、木星和土星。这些图像并不是特别好，以简单的数字框架进行抓取（未堆叠），但所有的图像都按比例显示。

9.20 ┃ 网络摄像机

　　虽然网络摄像通常是为家庭设计，以便个人之间通过互联网进行交流，但也可以用来捕捉行星的高分辨率图像。网络摄像机质量轻，功能多，摄像头的成本只是专用天文 CCD 相机的一小部分。几乎所有的商业网络摄像头连接到电脑和望远镜上后都可以用来拍摄水星和金星的图像，尽管图像质量取决于一些技能和技巧，而这些技能和技巧只有通过耐心、实践和毅力才能获得。

　　虽然网络摄像机可能没有像昂贵的天文 CCD 摄像机那样拥有敏锐的 CCD 元件，但它们记录由数百或数千张单独图像组成的视频片段的能力，比单次拍摄的天文 CCD 摄像机更具有明显的优势。可以拍摄由几十个、几百个甚至几千个单独帧组成的视频序列，通过处理视频片段中最清晰的图像来克服视宁度不清晰的影响。这些图像——手动或自动选择——接着可使用堆叠软件进行组合，产生一个带有高度细节的图像，可能呈现的细节与使用同一仪器通过目镜所看到的一样多。

　　网络摄像机通常在望远镜的主焦点上使用（去掉网络摄像机的原置镜头）来拍摄水星和金星。一些网络摄像机，如流行的飞利浦 ToUcam Pro，有容易拆卸的镜头。市面上的望远镜适配器可以用螺丝轻松拧到望远镜上。然而，有些网络摄像机需要把镜头卸下来，适配器还需要自制。

　　CCD 芯片对红外光很敏感，而原装镜头组件通常包含一个红外阻隔滤光镜——没有了滤光镜，就不可能真正做到干净地聚焦，因为红外线的聚焦方式与可见光不同。然而，红外阻隔滤光镜可以安在望远镜适配器上，只允许可见光波长通过，这样可以获得清晰的焦点。

像大多数其他数码设备中的CCD芯片一样，网络摄像头的CCD芯片非常小。网络摄像头运用在望远镜的主焦点上，所产生的倍率通常透过一个巴洛透镜来放大。要想捕获一个持续10或20秒、相对静态的、由网络摄像头在普通业余望远镜的主焦点上产生的、高倍率视频片段，少不了一架带有电动慢镜头控制、向极地驱动的赤道仪望远镜。

事实证明，要把网络摄像头准确对准很费时。但要获取一个粗略的焦点，最好是在白天设置，用望远镜和网络摄像头对准一个遥远的陆地物体，查看笔记本电脑的显示器，手动调整焦点。一旦陆地物体被聚焦到，就把焦点锁定或用光碟马克笔在调焦筒上做好标记。

在成像过程中，望远镜的寻星镜将行星置于视野中心。如果对准的话，行星将出现在电脑屏幕上，也可能需要进一步聚焦。当你手动调整望远镜的焦距时，必须注意不要太用力摇动仪器，因为要仔细观测的行星可能会完全消失在这片小小的视野之外。通过耐心调试与试错最终会产生一个相当清晰的焦点——一旦实现，锁定聚焦器并标记调焦筒的位置，以便在后续的成像过程中能够迅速找到一个大致清晰的焦点。获得一个好焦点决定了一幅良好的行星图像和一幅绝妙的行星图像之间的区别——零点几毫米可以分出一个良好的焦点和一个精准的焦点。以上述方式进行手动调焦非常耗时，而且完美的焦点更有可能是通过机遇而不是调试和试错来实现的。电动调焦器可以从望远镜上远程调整焦距，值得作为行星成像仪的一个基本配件。电动调焦器节省了很多时间，但对成像过程中的乐趣产生很大影响。重要的是，它们为精细调焦提供了无限控制。通过高速 USB 接口连接到电脑上的网络摄像头可以提供快速的图像刷新率，实现实时的精确对焦。

要捕捉行星的视频序列，可以利用网络摄像头提供的软件。手动调整软件的大部分自动控制很有必要——包括对比度、增益和曝光控制，都需要经过调整来呈现出一个可接受的图像。许多成像者喜欢使用黑白的记录模式，这样可以减少信号杂波，占用更少的硬盘空间，并消除任何可能通过电子或光学方式产生的伪色。

网络摄像机最大的优势在于它在一次视频拍摄中就能提供数量庞大的图像。单摄的专用天文 CCD 相机的价格是网络摄像头的 10 倍，可每次只能拍摄一张图像；虽然这张图像的信号杂波可能要小得多，像素数也比用网络摄像头拍摄的高，但在视宁度普遍平平的情况下，能在视宁度非常好的时刻抓拍到图像的可能性很小。网络摄像头即使在视宁度不佳的情况下也可以使用，因为在扩展的视频序列中可以用到一些清晰的分辨率帧。视频序列通常以 AVI（音频视频交错）文件的形式储存。

用以分析视频序列的天文图像编辑软件有许多非常好的免费成像程序。一些程序能够直接在 AVI 文件中工作，而且大部分过程可以设置为自动模式——由软件自身来选择哪些帧是最清晰的，然后这些帧被自动对齐、堆叠和锐化以产生最终图像。如果要求更多控制，可以从序列中单独选择应该使用的图像——因为这可能需要一个接一个地检查多达 1000 张的图像，这会是一个费力的过程，但它通常会产出比自动生成图像更为清晰的图像。

在图像处理软件中可以对图像进行更进一步处理，来去除不需要的人工痕迹，锐化图像，提高其色调范围和对比度，并突出细节。非锐化屏蔽是天文成像中使用最广泛的工具之一——过程堪称神奇，一张模糊的图像可以被置入一个更清晰的焦点。过多的图像处理和非锐化屏蔽可能会在图像的纹理、阴影、重影和明暗效果中产生虚假的人工痕迹，并逐渐失去色调的细节。每个成像者都倾向于开发他们自己的特殊方法来增强他们的行星生图。尽管这看起来令人难以置信，但世界上最有经验的几十位业余行星成像者还是很有可能将彼此的作品区分开来，因为不同的处理技术组合会在最终的图像中展现出微妙的差异。

9.21 ▍迈克·布朗的数字成像笔记

　　随着 20 世纪 90 年代 CCD 天文散热数码相机的到来，人们有可能获得比以前使用彩色或黑白胶片摄影更高分辨率的行星图像。从本质上讲，这些新相机与摄影曝光有同样的致命软肋，即在曝光时无法确定视宁度是否足够稳定，以保持原来最清晰的焦点。人们很快发现，作为一个先决条件，电动调焦器必不可少，它可以避免因触摸望远镜而使调焦变得更加困难，通过观察相机所连接的笔记本电脑 / 个人电脑，可以实现最佳聚焦。即使有了这种改良的调焦器，仍然很难，因为相机的刷新率非常慢，只有每秒几帧。因此，要是走运，你也许可以在 20 多张图片中获得一张比其他画面更清晰的画面，但清晰度也没有很大提升。

　　面对这种一锤定音的情况，在 21 世纪初，业余爱好者开始尝试使用网络摄像机，这些摄像机为家庭使用而设计，以实现个人之间使用互联网通信。这些相机大多配备了 CMOS（互补金属氧化物半导体）传感器，是由 5.6 微米像素组成的 640×480 像素阵列，基本符合人们的初衷和预期，但对于行星成像来说，它们的灵敏度不够。一个明显的例外是飞利浦 ToUcam 系列相机，它们配备了更敏感的索尼 ICX98 CCD 彩色传感器，最初使用 USB1 连接，但后来的型号可以使用 USB2 连接。这些相机的帧率在每秒 5 至 30 帧之间，在移除原配镜头后，可以安装一个适配器来契合望远镜的活镜筒。由于它的刷新率快得多，所以它能够实时对焦，这比 CCD 散热相机有了巨大的改进。USB1 相机的可用带宽非常有限，因此，下载帧被严重压缩，只能用于每秒

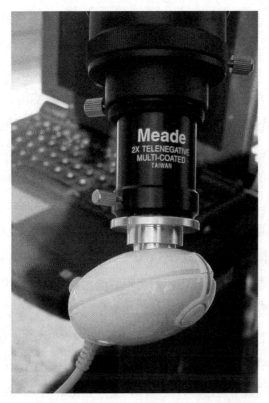

图 9.11　菲利普 PCVC 740 网络摄像机，用巴洛透镜安置在主焦点上，用于
月球和行星成像。

5 或 10 帧的行星成像——超过这个速度，压缩就太严重了，除
非能捕获成千上万帧。USB2 相机有更大的可用带宽，但仍然会
被压缩。

　　要使用这类相机只有通过开发免费软件才能实现，特别是
Registax，它可以对准、堆叠和锐化以 AVI 或 BMP 格式捕获的
最佳帧——这种许多帧的组合产生了最终图像，在良好的视宁
度状况下，能展现出非常显著的行星细节。ToUcams 还有一个额
外优势，其成本相对较低，这让业余爱好者有机会看到它们是否

适合他们的系统，哪怕不适合也不会有很大的资金损失。

那些已经习惯使用 ToUcam 相机的业余爱好者非常清楚它们的局限性，并一直在寻找更好的。到 2004 年，他们明显感觉到，这些专门的相机正是他们所需要的，因为它们使用 Firewire 400 或 USB2 连接，可提供每秒 60 帧的帧率，而且没有任何压缩。例如，The Imaging Source DMK 21 系列相机采用与 ToUcam 相同的索尼 CCD ICX98 传感器，Lumenera 相机采用索尼 640×480 像素传感器，但像素为 7.4 微米，两者都比 ToUcam 贵得多，但人们认为它们提供的好处远远超过了溢出的成本。使用黑白相机，而不是彩色版本，使其能够以单色成像，以及通过使用 RGB 彩色滤镜，并将它们结合起来，在相同的焦距下能比彩色相机产生更高的分辨率。这是因为彩色相机产生彩色图像需要四个像素，而黑白相机尽管涉及相当多的处理工作，其彩色分辨率仅为一个像素。

这些相机的最新发展是使用了新的索尼 ICX 618 传感器，其灵敏度在光谱的蓝色部分是 ICX 098 传感器的两倍，在绿色部分是 2.5 倍，在红色部分是 3 倍，在近红外部分是 4 倍。映美精（The Imaging Source）生产的 USB2 相机能够达到每秒 60 帧，而巴斯勒（Basler Ace）有一个使用 GigE 接口连接的每秒 100 帧的相机，Point Grey Flea 3 使用 Firewire 800 连接，也是每秒 100 帧，都没有任何压缩。正如人们所期望的那样，这些相机比上段提到的"入门"机版本更加昂贵。

只有"映美精"相机配备了操作相机和保存拍摄画面的软件，但也有一个免费软件 FireCapture，它可以为巴斯勒和灰点（Point Grey）相机完成这项工作。谁也不知道未来会有什么发展，甚至更灵敏的传感器，可能会是 USB3。

9.22 观测火星的卫星

　　火卫一和火卫二是非常暗淡的天体。要用肉眼观测到它们，至少需要一架 300 毫米的望远镜，有利的火星冲日环境，稳定的大气层和敏锐的目力。

　　重要的是要知道观测时卫星的精确位置——一个优质的天文计算机程序或一个网站，如 NASA/JPL 太阳系模拟器，可以用来找出这些信息。这两颗卫星都以极快的速度绕着火星运动，因此观测它们与火星的最大距角的机会很渺茫，要尽可能远离火星的强光。当与火星的距角达到最大时，火卫二是最好辨认的——距离火星中心约 3.5 个火星直径，在近距离对射时微弱地闪耀着，星等为 12.9。

　　如果火星在普通目镜的视野中完全可见，那么它的强光会让其卫星消失在视野中。因此，火星圆面需要从直接视野中隐藏起来，消除大部分侵入性的光线。由于衍射和辐照，即使火星正好在视线范围之外，还是会看到一些残余的眩光。专门的遮蔽目镜在市场上可以买到，但对于务实的业余爱好者来说，用一小块锡箔插入目镜焦平面附近，制作出一个临时的遮蔽罩也可行。这会使在搜索卫星的同时令火星被定位在视野范围内。

第十章

观测者指南 火星可见期 2012~2022

10.1 ┃ 季节性天气现象

北半球春　南半球秋

在这个季节早期，宽广的北极盖开始消融，而南极冠开始缩小。在太阳的照耀下，曾经冰冷的希腊变得清澈黑暗。在阿波利纳里斯山的上空可能会看到地形云，而南半球可能会出现尘云。到了季节中期，北极冠最终会暴露出来，可能会显露出特纽依斯沟纹。在季节的最后阶段，边缘地区经常出现明亮的部分。北半球的云层越积越多，南北半球都可能看到雾霾。

北半球夏　南半球冬

塔尔西斯区域奥林匹斯雪顶上方出现地形云。北极冠保持静止或是进一步萎缩。尘云与沙尘暴会随时席卷。注意阿西达利亚海的昏暗部分与轮廓。在季节尾声，北半球可能会出现云层与霜冻。

北半球秋　南半球春

首先，南极冠面积会到达最大，但随着太阳在南半球爬高，它很快便会开始萎缩。尘云会在赫勒斯滂升起。之后在这个季节里总会有可能发生大规模的沙尘暴。地形云常常出现在埃律西昂与阿尔西亚山上。

北半球冬　南半球夏

检视大瑟提斯的宽度和亮度——在这个季节它往往显得昏

暗窄小。北极围地可见，往往延伸至北半球温带。在它清晰的时候，有时能观测到一个名为"最新图勒"（Novissima Thyle）的投影。在萎缩的南极冠上能看到南极沟纹，以及一处名为银色山脉的投影。自南而起的尘云可能会席卷赫勒斯滂、希腊和挪亚。在季节终端，阿尔西亚山上空可能会看到地形云。在季末，北极围地变得宽阔。

10.2 2011~2013 年可见期

可见期开始（相合）：2011 年 2 月 4 日

可见期结束（相合）：2013 年 4 月 17 日

观测季节（火星视直径大于 5 角秒）

观测季节开始：2011 年 9 月 19 日

位置：赤经 08 时 59 分，赤纬 21 度 06 角分（双子座西）

观测季节结束：2012 年 9 月 19 日

位置：赤经 14 时 59 分，赤纬 -17 度 42 角分（天秤座西）

冲日细节

冲日位置：2012 年 3 月 3 日

视直径：13.9 角秒

火星季节：北半球夏，南半球冬

与地球冲距：1.011 亿千米

星等：-1.1

位置：赤经 11 时 08 分，赤纬 10 度 10 角分（狮子座东）

冲日中央子午线（世界时 00 时）：254 度

北极位置角：18.5 度

倾斜度：22.2 度

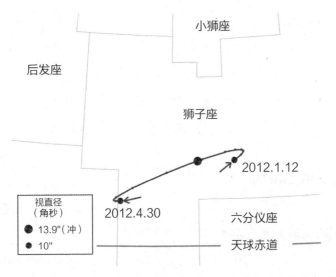

图 10.1　2012 年 1 月 12 日至 2012 年 4 月 30 日，火星的天体路径在可见期间达到（其视直径大于 10 角秒时）最佳。行星显示了显要的尺寸，点的间隔为每周一次。

距离与视直径

2011 年 3 月 8 日：近日点（距太阳 2.066 亿千米）

2012 年 1 月 12 日：视直径超过 10 角秒

2012 年 2 月 14 日：远日点（距太阳 2.492 亿千米）

2012 年 1 月 25 日：火星逆行

2012 年 3 月 5 日：最接近地球（1.008 亿千米，视直径 13.9 角秒）

2012 年 4 月 16 日：火星顺行

2012 年 4 月 30 日：视直径缩至 10 角秒以下

2012 年 7 月 5 日：火星在天球赤道以南移动

2013 年 1 月 24 日：近日点（距太阳 2.066 亿千米）

2013 年 3 月 15 日：火星在天球赤道以北移动

季节性现象

2011 年 9 月 14 日：火星北半球秋，南半球春分

2012 年 3 月 30 日：火星北半球夏，南半球冬至

2012 年 9 月 30 日：火星北半球秋，南半球春分

2013 年 2 月 14 日：火星北半球冬，南半球夏至

犯星、相合和掩星

2011 年 9 月 30 日至 10 月 2 日：火星（星等 +1.3）穿过明亮开阔的鬼宿星团（M44，星等 +3.7）。

2011 年 11 月 10 日：火星（星等 +1.0）位于轩辕十四（狮子座 α，星等 +1.3）北 1.5 度。

2012 年 3 月 17 日：火星（星等 −1.1）位于 NGC 3384 星系（+10 星等）南 1 度。

2012 年 8 月 17 日：火星（星等 +1.1）位于土星（星等 +0.8）南 3.8 度。

2012 年 9 月 19 日：月球（第 4 天）掩火星（星等 +1.2）；东太平洋白天，南美与西南大西洋夜晚。

10.3 2013~2015 年可见期

可见期开始（相合）：2013 年 4 月 17 日

可见期结束（相合）：2015 年 6 月 14 日

观测季节（火星视直径大于 5 角秒）

观测季节开始：2013 年 11 月 6 日

位置：赤经 10 时 58 分，赤纬 08 度 22 角分（狮子座南）

观测季节结束：2014 年 2 月 10 日

位置：赤经 12 时 06 分，赤纬 01 度 25 角分（处女座西）

冲日细节

冲日：2014 年 4 月 8 日

视直径：15.1 角秒

火星季节：北半球夏，南半球冬

与地球冲距：0.931 亿千米

星等：−1.5

位置：赤经 13 时 14 分，赤纬 −05 度 09 角分（处女座）

冲日中央子午线（世界时 00 时）：79 度

北极位置角：34.5 度

倾斜度：21.4 度

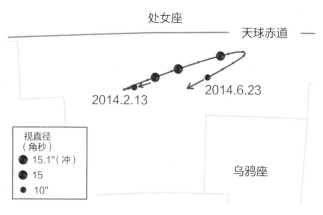

巨蛇头

处女座

天球赤道 —

2014.2.13

2014.6.23

视直径
（角秒）
● 15.1"（冲）
● 15
• 10"

乌鸦座

图 10.2　2014 年 2 月 13 日至 2014 年 6 月 23 日，火星的天体路径在可见期间达到（其视直径大于 10 角秒时）最佳。行星标志了显要的尺寸，点的间隔为每周一次。

距离与视直径

2013 年 12 月 16 日：火星向天球赤道以南移动

2014 年 1 月 1 日：远日点（距离太阳 2.492 亿千米）

2014 年 2 月 13 日：视直径超过 10 角秒

2014 年 3 月 2 日：火星逆行

2014 年 4 月 6 日：视直径超过 15 角秒

2014 年 4 月 14 日：最接近地球（0.924 亿千米，视直径 15.2 角秒）

2014 年 4 月 22 日：视直径跌至 15 角秒

2014 年 5 月 21 日：火星顺行

2014 年 6 月 23 日：视直径跌至 10 角秒

2014 年 12 月 11 日：近日点（距太阳 2.066 亿千米）

2015 年 2 月 21 日：火星在天球赤道以北移动

季节性现象

2013 年 8 月 1 日：火星北半球春，南半球秋分

2014 年 2 月 15 日：火星北半球夏，南半球冬至

2014 年 6 月 23 日：火星北半球仲夏，南半球仲冬

2014 年 8 月 18 日：火星北半球秋，南半球春分

2015 年 1 月 12 日：火星北半球冬，南半球夏至

犯星、相合和掩星

2013 年 5 月 9 日：月球（第 29.2 天）掩火星（星等 +1.3）；美国、北大西洋、英国与西欧（白天）。

2013 年 12 月 24 日：火星（星等 +1.0）位于莱茵穆特 80 星系（星等 +10.5）以南 1.3 度。

2013 年 12 月 29 日：火星（星等 +0.9）位于太微左垣二（室女座 γ 星等 +3.4）以南 0.6 度。

2014 年 5 月 5 日：火星（星等 −1.1）位于太微左垣二以南 1.4 度。

2014 年 7 月 6 日：月球（第 7.9 天）掩火星（星等 +0.3）；东太平洋黄昏，中美洲傍晚，南美洲夜晚。

2014 年 7 月 13 日：火星（星等 +0.2）位于角宿一（室女座 α，星等 +1.0）以北 1.5 度。

2014 年 8 月 22 日：火星（星等 +0.6）位于氐宿一（天秤座 α，星等 +2.8）以南 1.5 度。

2014 年 8 月 27 日：火星（星等 +0.2）位于土星（星等 +0.6）以南 3.5 度。

2014年9月18日：火星（星等 +0.7）位于房宿三（天蝎座 δ，星等 +2.3）以北 0.5 度。

2014年10月17日：火星（星等 +0.9）位于 NGC 6369 星云（星等 +13.0）以南 1 度。

2014年11月4日：火星（星等 +0.9）位于斗宿二（人马座 Λ，星等 +2.8）以北 0.6 度。

2014年11与12日：火星（星等 +0.9）位于斗宿四（人马座 Σ，星等 +2.0）以北 2 度。

2015年2月21日：火星（星等 +1.3）位于金星（星等 −4.0）以北 0.5 度。

2015年3月11日：火星（星等 +1.5）位于天王星（星等 +5.9）以北 0.25 度。

2015年3月21日：月球（第 1.8 天）掩火星（星等 +1.3）；南太平洋与大西洋白天。

图 10.3 照片拍摄于 2015 年 2 月 20 日傍晚时分（北半球）。火星（顶部，星等 +1.3）和金星（星等 −4.0）相距 1 度，靠近蛾眉月。

10.4 2015~2017 年可见期

可见期开始（相合）：2015 年 6 月 14 日

可见期结束（相合）：2017 年 7 月 26 日

观测季节（火星视直径大于 5 角秒）

观测季节开始：2015 年 12 月 10 日

位置：赤经 13 时 02 分，赤纬 -04 度 57 角分（处女座中）

观测季节结束：2017 年 2 月 7 日

位置：赤经 00 时 27 分，赤纬 02 度 38 角分（双鱼座南）

冲日细节

冲日：2016 年 5 月 22 日

视直径：18.4 角秒

火星季节：火星北半球夏末，南半球冬末

与地球冲距：0.763 亿千米

星等：-2.1

位置：赤经 15 时 58 分，赤纬 -21 度 40 角分（天蝎座西北）

冲日中央子午线（世界时 00 时）：178 度

北极位置角：36.8 度

倾斜度：10.4 度

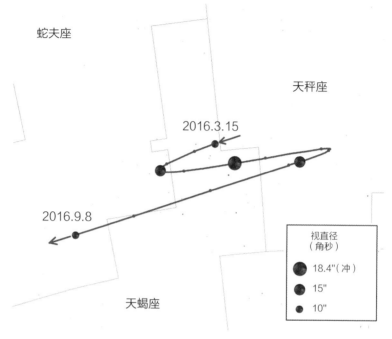

图 10.4　2016 年 3 月 15 日至 2016 年 9 月 8 日，火星的天体路径在可见期间达到（其视直径大于 10 角秒时）最佳。行星标志了显要的尺寸，点的间隔为每周一次。

距离与视直径

2015 年 11 月 18 日：火星向天球赤道以南运动

2015 年 11 月 19 日：远日点（距离太阳 2.492 亿千米）

2016 年 3 月 15 日：视直径超过 10 角秒

2016 年 4 月 16 日：火星逆行

2016 年 4 月 20 日：视直径超过 15 角秒

2016 年 5 月 30 日：最接近地球（0.753 亿千米，视直径 18.6 角秒）

2016 年 7 月 1 日：火星顺行

2016 年 7 月 16 日：视直径跌至 15 角秒

2016 年 9 月 8 日：视直径跌至 10 角秒

2016 年 10 月 29 日：近日点（距太阳 2.066 亿千米）

2017 年 1 月 29 日：火星在天球赤道以北移动

季节性现象

2015 年 6 月 19 日：火星北半球春，南半球秋分

2016 年 1 月 3 日：火星北半球夏，南半球冬至

2016 年 7 月 5 日：火星北半球秋，南半球春分

2016 年 11 月 29 日：火星北半球冬，南半球夏至

2017 年 5 月 6 日：火星北半球春，南半球秋分

犯星、相合和掩星

2015 年 7 月 16 日：火星（星等 +1.6）位于水星（星等 −1.5）以北 0.1 度。

2015 年 8 月 20~21 日：火星（星等 +1.8）穿过明亮开阔的鬼宿星团（M44，星等 +3.7）。

2015 年 9 月 25 日：火星（星等 +1.8）位于轩辕十四（狮子座 α，星等 +1.3）以北 0.8 度。

2015 年 10 月 18 日：火星（星等 +1.8）位于木星（星等 −1.8）东北 0.5 度。

2015 年 11 月 3 日：火星（星等 +1.7）位于金星（星等 −4.3）以北 0.5 度。

2015 年 11 月 27 日：火星（星等 +1.6）位于莱茵穆特 80 星系以南 2 度。

2015 年 12 月 6 日：月球（第 24.7 天）掩火星（星等 +1.5）；非洲东北（早上），澳大利亚西与印度洋（白天）。

2016 年 2 月 1 日：火星（星等 +0.8）位于氐宿一以北 1.2 度。

2016 年 3 月 16 日：火星（星等 −0.1）位于房宿四（天蝎座 β，星等 +2.5）以北 0.1 度。

2016 年 5 月 20 日：火星（星等 −2.0）位于房宿三以北 0.5 度。

2016 年 8 月 10 日：（星等 −0.6）位于房宿三以南 0.8 度。

2016 年 8 月 24 日：火星（星等 −0.4）位于心宿二（天蝎座 α，星等 +1.0）以北 1.6 度与土星（星等 +0.4）以南 4.4 度。

2016 年 9 月 4 日：火星（星等 −0.1）位于天江三（星等 +3.3）以南 0.8 度。

2016 年 9 月 29 日：火星（星等 0.0）位于开阔的 NGC 6520 星系（星等 +8.0）以北 2 度。

2016 年 10 月 7 日：火星（星等 +0.1）位于斗宿二以南 0.3 度。

2016 年 10 月 16 日：火星（星等 +0.2）位于斗宿四以北 1.1 度。

2016 年 12 月 10 日：火星（星等 +0.7）位于壁垒阵三（天蝎座 γ，星等 +3.7）以北 1.5 度与垒壁阵四（天蝎座 δ，星等 +2.8）西北。

2016 年 12 月 31 日：火星（星等 +0.9）位于海王星（星等 +7.9）以西 0.3 度。

2017 年 1 月 3 日：月球（第 4.7 天）掩火星（星等 +1.0）；菲律宾（黄昏），中国南海与太平洋西北（傍晚）。

2017 年 2 月 1 日：火星（星等 +1.1）位于月球（第 4.4 天）以西 8.8 度，金星（星等 −4.6）以东 5.5 度。

2017 年 2 月 27 日：火星（星等 +1.3）位于天王星（星等 +5.9）以北 0.8 度。

图 10.5　2015 年 10 月 16 日东部地平线的晨景（来自北半球）。照片显示了金星（上，星等 –4.4）、火星（星等 +1.8）、木星（星等 –1.8）和水星（下，星等 –0.5）的紧密组合。插图：1 度的范围内显示火星、木星和其三颗明亮的卫星。

10.5 ┃ 2017~2019 年可见期

可见期开始（相合）：2017 年 7 月 26 日

可见期结束（相合）：2019 年 9 月 2 日

观测季节（火星视直径大于 5 角秒）

观测季节开始：2018 年 1 月 8 日

位置：赤经 15 时 07 分，赤纬 -16 度 40 角分（天秤座中）

观测季节结束：2019 年 3 月 15 日

位置：赤经 03 时 08 分，赤纬 18 度 26 角分（白羊座东）

冲日细节

冲日：2018 年 7 月 27 日

视直径：24.2 角秒

火星季节：火星北半球秋，南半球春分

与地球冲距：5810 万千米

星等：-2.8

位置：赤经 20 时 33 分，赤纬 -25 度 28 角分（天蝎座西南）

冲日中央子午线（世界时 00 时）：78 度

北极位置角：5.7 度

倾斜度：-11.2 度

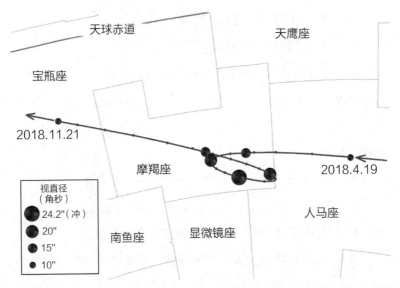

图 10.6　2018 年 4 月 19 日至 2018 年 11 月 21 日,火星的天体路径在可见期间达到(其视直径大于 10 角秒时)最佳。行星标志了显要的尺寸,点的间隔为每周一次。

距离与视直径

　　2017 年 10 月 7 日:远日点(距离太阳 2.492 亿千米)

　　2017 年 10 月 27 日:火星向天球赤道以南移动

　　2018 年 4 月 19 日:视直径超过 10 角秒

　　2018 年 5 月 27 日:视直径超过 15 角秒

　　2018 年 6 月 23 日:视直径超过 20 角秒

　　2018 年 6 月 29 日:火星逆行

　　2018 年 7 月 31 日:最接近地球(5760 万千米,视直径 24.3 角秒)

　　2018 年 8 月 28 日:火星顺行

　　2018 年 9 月 8 日:视直径跌至 20 角秒

　　2018 年 9 月 16 日:近日点(距太阳 2.066 亿千米)

2018 年 10 月 9 日：视直径跌至 15 角秒

2018 年 11 月 21 日：视直径跌至 10 角秒

2019 年 1 月 2 日：火星在天球赤道以北移动

2019 年 8 月 26 日：远日点（距离太阳 2.492 亿千米）

季节性现象

2017 年 11 月 20 日：火星北半球夏，南半球冬至

2018 年 5 月 23 日：火星北半球秋，南半球春分

2018 年 10 月 17 日：火星北半球冬，南半球夏至

2019 年 3 月 24 日：火星北半球春，南半球秋分

犯星、相合和掩星

2017 年 9 月 2 日：火星（星等 +1.8）位于水星（星等 +2.6）以北 4 度。

2017 年 9 月 17 日：火星（星等 +1.8）位于水星（星等 –0.8）以西 0.4 度。

2017 年 9 月 18 日：月球（第 28 天）掩火星（星等 +1.8）；太平洋东（早上）。

2017 年 10 月 6 日：火星（星等 +1.8）位于金星（星等 –3.9）以西 0.2 度。

2017 年 11 月 9 日：火星（星等 +1.8）位于太微左垣二以南 1.7 度。

2017 年 11 月 20：火星北半球夏，南半球冬至。

2017 年 11 月 28 日：火星（星等 +1.7）位于角宿一以北 3.3 度。

2018 年 1 月 7 日：火星（星等 +1.4）位于木星（星等 –1.8）以南 0.2 度。

2018 年 2 月 1 日：火星（星等 +1.2）位于房宿四以南 0.3 度。

2018 年 2 月 9 日：火星（星等 +1.1）位于月球（第 23.6 天）以南 3.5 度。

2018 年 3 月 6 日：火星（星等 +0.7）位于小鬼星云（NGC 6309，星等 +13.0）以北 0.7 度。

2018 年 3 月 14 日：火星（星等 +0.6）位于 NGC 6445 星系（星等 +13.0）以南 3.3 度。

2018 年 4 月 2 日：火星（星等 +0.3）位于土星（星等 +0.5）以南 1.3 度。

图 10.7　2018 年 1 月 7 日火星与木星及其卫星非常接近时的景象。这个视图模拟了透过搭载在 200 毫米施密特 – 卡塞格林望远镜（133 倍）上的 15 毫米普罗素目镜观测到的世界时 05：00 的景象。

2018 年 11 月 2 日：火星（星等 -0.6）位于壁垒阵三（天蝎座 γ，星等 +3.7）以北 0.3 度。

2018 年 11 月 5 日：火星（星等 -0.5）位于垒壁阵四以北 0.5 度。

2018 年 11 月 16 日：月球（第 7.9 天）掩火星（星等 -0.3）；大西洋，南太平洋（傍晚）。

2018 年 12 月 3 日：火星（星等 0.0）位于垒壁阵七（星等 +3.7）以南 0.9 度。

2018 年 12 月 7 日：火星（星等 +0.1）位于海王星（星等 +7.9）以北 0.1 度。

2019 年 2 月 13 日：火星（星等 +1.0）位于天王星（星等 +5.8）以北 1 度。

可见期开始（相合）：2019 年 9 月 2 日

可见期结束（相合）：2021 年 10 月 8 日

观测季节（火星视直径大于 5 角秒）

观测季节开始：2020 年 2 月 8 日

位置：赤经 17 时 35 分，赤纬 –23 度 24 角分（蛇夫座南）

观测季节结束：2021 年 4 月 15 日

位置：赤经 05 时 38 分，赤纬 24 度 49 角分（金牛座东北）

冲日细节

冲日：2020 年 10 月 13 日

视直径：22.4 角秒

与地球冲距：0.0631 亿千米

星等：–2.6

位置：赤经 01 时 24 分，赤纬 05 度 29 角分（双鱼座东南）

冲日中央子午线（世界时 00 时）：181 度

北极位置角：325.0 度

倾斜度：–20.3 度

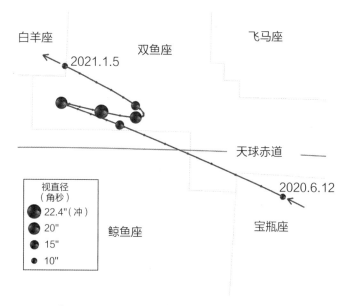

图 10.8　2020 年 6 月 12 日至 2021 年 1 月 5 日，火星的天体路径在可见期间达到（其视直径大于 10 角秒时）最佳。行星标志了显要的尺寸，点的间隔为每周一次。

距离与视直径

2019 年 10 月 8 日：火星向天球赤道以南移动

2020 年 2 月 8 日：视直径超过 5 角秒

2020 年 6 月 12 日：视直径超过 10 角秒

2020 年 7 月 12 日：火星在天球赤道以北移动

2020 年 8 月 1 日：视直径超过 15 角秒

2020 年 8 月 2 日：近日点（距离太阳 2.065 亿千米）

2020 年 9 月 5 日：视直径超过 20 角秒

2020 年 9 月 10 日：火星逆行

2020 年 10 月 6 日：最接近地球（0.621 亿千米）

2020 年 11 月 4 日：视直径跌至 20 角秒

2020 年 11 月 16 日：火星顺行

2020 年 12 月 1 日：视直径跌至 15 角秒

2021 年 1 月 5 日：视直径跌至 10 角秒

2021 年 9 月 17 日：火星向天球赤道以南移动

季节性现象

2019 年 10 月 8 日：火星北半球夏，南半球冬至

2020 年 9 月 3 日：火星北半球冬，南半球夏至

2021 年 2 月 8 日：火星北半球春，南半球秋分

犯星、相合和掩星

2019 年 12 月 12 日：火星（星等 +1.7）位于氐宿一以东 0.3 度。

2020 年 1 月 8 日：火星（星等 +1.5）位于方宿四以南 0.7 度。

2020 年 2 月 6 日：火星（星等 +1.3）位于小鬼星云以北 0.5 度。

2020 年 2 月 26 日：火星（星等 +1.1）位于斗宿二以北 1.7 度。

2020 年 3 月 18 日：火星（星等 +0.9）、木星（星等 –2.1）与月球（第 23.9 天）喜人地聚到了一起。

2020 年 3 月 20 日：火星（星等 +0.9）位于木星（星等 –2.1）以南 0.7 度。

2020 年 3 月 23 日：火星（星等 +0.9）距离冥王星（星等 +14.4）以南不到 1 角分。如果你从来没能成功观测到冥王星，这一次是绝佳的机会。火星的两颗卫星，火卫一（星等 +13.7）与火卫二（星等 +14.8）也在位置绝佳的距角。使用一款低功率目镜你就能看到木星（星等 –2.1）出现在更靠北 1.7 度相同的低功率视野中。

2020 年 3 月 26 日：火星（星等 +0.9）直接位于木星（星等

−2.1）与土星（星等 +0.7）之间，各自角度为 3.5 度。

2020 年 3 月 31 日：火星（星等 +0.8）位于土星（星等 +0.7）以南 1 度。

2020 年 5 月 5 日：火星（星等 +0.4）位于壁垒阵四以北 1 度。

2020 年 6 月 12 日：火星（星等 −0.2）位于海王星（星等 +7.9）以南 1.7 度。

2020 年 10 月 21 日：火星（星等 +1.9）位于太微左垣二以南 2 度。

2020 年 11 月 9 日：火星（星等 +1.8）位于角宿一以北 3 度。

2020 年 11 月 21 日：火星（星等 +0.2）位于天王星（星等 +5.8）以北 1.8 度。

2021 年 3 月 3 日：火星（星等 +0.9）位于明亮开阔的昴星团（M45）以南 2 度。

2021 年 5 月 9 日：火星（星等 +1.6）位于井宿五（双子座 ε，星等 +3.0）以南 0.8 度。

2021 年 6 月 1 日：火星（星等 +1.7）位于双子座（星等 +3.6）以南 1.8 度。

2021 年 6 月 22~24 日：火星（星等 +1.8）穿过鬼宿星团。

2021 年 7 月 13 日：火星（星等 +1.8）位于金星（星等 −3.9）以南 0.5 度。

2021 年 7 月 29 日：火星（星等 +1.8）位于轩辕十四以北 0.6 度。

图 10.9　2020 年 3 月 23 日，冥王星和火星彼此非常接近，给视觉观测带来挑战，却也是天体成像的绝佳机会。这是在世界时 05∶00 内使用高倍镜拍摄到的景象。

图 10.10　2021 年 3 月 3 日，火星在昴宿星团的南部游荡时的景象。这是使用 15×70 双筒望远镜在世界时 21∶00 观测到的景象。

第十一章

火星观测者的设备

11.1 ▏观察火星的细节

　　行星观测者在地平装置支架上可能会安装有一架基本款的小型反射望远镜，也可能在坚固的计算机控制底座上装上一架昂贵的大型复消色差折射望远镜。而截止到目前，所有观测者最重要的光学设备其实是一副小而功能强大的双筒望远镜——眼睛。细心照料这对珍贵的小仪器，能够让主人在一生中遍览行星的美景。

　　眼睛结构的一个方面并不会真正影响到观测行星，那就是每只眼睛都有一个盲点，这是因为视神经侵入的视网膜部分缺乏感光细胞。盲点位于左眼视野的左侧、右眼视野的右侧，但在通过望远镜目镜集中观察像火星这样直径较小的天体时，它们的存在并不会被暴露出来。然而，下面的实验证明了盲点的完全盲区，这个实验往往会让第一次尝试的人吓一跳。用你的左手遮住你的左眼，用你的右眼慢慢扫视火星左边的区域，离开它几度远。你最终将能够看到火星完全消失在视线中的一个位置。盲点所覆盖的实际区域视直径约为 6 度——是肉眼所见月球视直径的 10 倍。

　　很多人都患有飞蚊症——微小的黑斑、半透明的蛛网或是形状不一、大小各异的云朵，会在观测火星这类明亮天体时偶尔显现。飞蚊症中的漂浮物实则为漂浮在玻璃体中死去细胞的残余物投射在视网膜上的影子。飞蚊症会很干扰人，因为它们会掩盖住小型的特征。大多数人都能忍受它们。飞蚊症中漂浮物的数量会随着年龄的增长而增加。要是这种症状对正常视力造成了严重影响，可通过激光眼科手术或玻璃体切割术将其消除。

建议每年进行眼科检查，这样一些未被察觉但是可医治的情况或许就此能被发现。吸烟本就有害身体健康，也不利于天文观测。眼睛几乎用尽了所有通过血管进入的氧气，而香烟烟雾中的一氧化碳则比氧气本身更容易附着在红细胞的血红蛋白上。在观测时饮酒，喝得越多，所能观察到的火星细节就越少。哪怕观测者尽最大努力都无法让双眼停留在目镜旁边，观测者的效率会彻底受影响。酒精会扩张血管，尽管它可能会让饮用者在短时间里感到温暖，但身体流失额外的热量在寒冷的夜里可能会造成危险。因此，应该避免饮酒。最后，如果血糖水平很低，视力实际上会下降，所以在观测期间吃些小点心既让人心情愉快又有益于身体健康。

11.2 | 双筒望远镜

双筒望远镜在某种程度上被天文爱好者们低估了，很少有人会真正考虑使用它来定期观测行星，尤其是火星。然而，双筒望远镜比天文望远镜有某些优势，它往往比后者便宜很多，更易携带（甚至也有一个支架），也能提供宽广的视野，而且比天文望远镜更结实，能够承受住偶然的撞击，并且仍然维持光学准直。

重点在于要尽可能地持稳双筒望远镜，可以牢牢地靠在一个坚固的物体上（如汽车车顶），最好还是固定在一个三脚架或专用的双筒望远镜支架上。稳定的视野会大大增加观测者的乐趣——那些被限制在手持观测方式的人可能一次只能对天空进行几分钟的观测，但能够稳定地拿住双筒望远镜的观测者可能会观察更长时间。当火星稳定地出现在视野中时，一副优质的双筒望远镜会强化火星的颜色，并详细地显现出火星附近的天体。

双筒望远镜的性能由两个数值来决定，代表其倍率与物镜的尺寸——7×30 双筒望远镜拥有 7 倍倍率以及 20 毫米物镜。中小尺寸的双筒望远镜（物镜直径在 $25 \sim 50$ 毫米）往往在 7 至 15 倍的低倍率。由于大多数双筒望远镜只有相对较低的倍率，而火星在视直径角度上来看是一颗非常小的天体，行星圆面即使在经过充分的分辨下也只能呈现出些许细节。然而，哪怕在远日点冲的位置下，当火星视直径在 14 角秒左右时，拥有更高倍率（至少 25×100）的专门大型双筒望远镜能够呈现出部分细节，包括行星的相位，一些昏暗的大型印记以及明亮的极冠。

通过双筒望远镜辨识的真实视场（天空的实际区域）会随

着放大倍数的增加而减少。我自己的 7×50 双筒望远镜（平价货，但光学质量很好）的倍率为 7 倍，真实视场宽约 7 度。我的 15×70 双筒望远镜的真实视场为 4.4 度，约为月球视直径的 9 倍。配备了广角目镜的双筒望远镜（通常是高端仪器）能够产生更大的实际视野，其视场大于 60 度。由于开阔的真实视场，双筒望远镜可以看到广阔的天空。当火星出现在明亮的星群和难得现身的行星附近时，可以看到令人惊叹的美丽景色。

大型双筒望远镜（物镜在 60 毫米以上）的高倍率提供了更详细的视图，但它们必须通过某种方法被固定好。事实上，任何超过 10 倍倍率的双筒望远镜，无论多么轻巧，都必须被牢牢支撑住，因为较高的倍率会放大观测者身体任何轻微的运动。有一个例外——图像稳定的双筒望远镜可以消除使用者身体的轻微晃动的影响。乍一看，它们与拥有相同光圈的普通双筒望远镜相似，但更重。只要按一下按钮，它们就能通过移动的光学元件（大多数需要电池）展现出清晰、无晃动的视图。稳定的双筒望远镜通常拥有相当高的倍率（高达 18 倍），光圈的尺寸范围达到了 30~50 毫米。

一些业余天文学家试图通过拥有变焦功能的双筒望远镜来寻求两全其美的效果。一副典型的变焦双筒望远镜可以经过调整放大，比如说从 15 倍放大到 100 倍之多。从表面上看，这是一台理想的设备，但也有缺点。当设置成低倍率时，变焦双筒望远镜的视场往往不尽如人意——也许小到 40 度，这远远小于一副具有相当倍率的普通双筒望远镜的视场。变焦涉及使用外部杠杆，在实际改变目镜内镜片之间的距离——这一操作往往不简单，因为改变倍率后通常需要重新聚焦。最重要的在于，任何变焦双筒望远镜左右光学系统的统一需要绝对准确，这样大脑能够从两张独立的高功率图像中产生一个合并的图像，而这正是大多数平价双筒望远镜所欠缺的。即使一副双筒望远镜确实能提供良好的高倍率视场，但地球的自转使天体在视野中的移动相当迅速。例如，在 50 倍的倍率下，50 度的视场相当于 1 度的真实视场，而火星从视场的一个边缘移动到另一个边缘只需 2 分钟。这意味着，如果要长时间观测火星，就必须经常调整支架。

当你看到各种不同的形状和尺寸的双筒望远镜时，显然会发现许多不同的光学配置应用于这些望远镜中。通常情况下，一分价钱一分货，但只要从好口碑的光学仪器经销商处购买，现在的经济型光学产品质量普遍还是相当不错的。然而，平价的双筒望远镜的光学系统的质量、所使用的光学材料和双筒望远镜的构造，在实际使用中与高端双筒望远镜相比较时差别还是很明显的。高端双筒望远镜的物镜、内棱镜和目镜镜片都使用了最好的光学玻璃，并且按照严格的标准进行加工与安装。光学镜表面通常拥有竭力减少反射的多涂层，内部挡板能阻挡杂散光和内部反射，提供更好的对比度。

大多数双筒望远镜使用玻璃棱镜，在物镜和目镜之间折叠光线，产生一个正置的图像。在陆地上日常使用不能缺少这些。

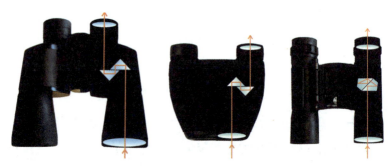

图 11.1　普罗棱镜、倒普罗棱镜和屋脊棱镜双筒望远镜及其内部的折叠光路。

7×50 双筒望远镜是理想的通用款天文双筒望远镜。它们呈现出宽阔的视野，也拥有足够低的倍率使观测者在没有使用望远镜支架的情况下能在短时间里观测天空。7×50 双筒望远镜拥有一个 7 毫米的出射光瞳。出射光瞳是指从目镜投射到眼睛里的光圈的直径，可以将双筒望远镜的孔径除以其放大率得出其尺寸。由于眼睛在黑暗中适应的平均尺寸为 7 毫米，因此对极度昏暗的天空进行天文观测时，出射光瞳孔的最佳尺寸也为 7 毫米。

棱镜双筒望远镜有两款基本类型——双筒普罗棱镜望远镜和双筒屋脊棱镜望远镜。直到几十年前，大多数双筒望远镜都是普罗棱镜。普罗棱镜双筒望远镜最常见的特征是拥有明显的"W"形外观，由棱镜的排列方式所产生，它们将光线从相距甚远的物镜折叠到目镜上。美式普罗棱镜双筒望远镜拥有坚固的设计，其棱镜安装在一个单一成模的架上。而德式普罗棱镜双筒望远镜的特点是将物镜外壳拧入包含棱镜的主体中——这种模块化的特点导致望远镜在受到撞击后更容易失去准直。近年来，出现了一种新的小型双筒望远镜风格，它们使用倒置的普罗棱镜设计，呈现出"U"形外壳，其物镜之间挨得可能比目镜的距离更接近。今天生产的大多数小型双筒望远镜都采用屋脊棱镜设计，它们凭借紧凑的结构与轻便性受到欢迎。双筒屋脊棱镜望远镜通常有一个独特的"H"形外观，看起来像两台并行的小型望远镜——一个随意的观测者可能会认为这代表这是一台没有任何中间棱镜的直通光学配置。由于双筒屋脊棱镜望远镜折叠光线的方式，它们提供的对比度通常比双筒普罗棱镜望远镜的要小。

11.3 望远镜

　　天文爱好者但凡有一台望远镜，最终都会把它对准火星——没有人会对那片景色感到失望，尤其是在有利冲日位置的时候。

　　对于新手来说，选择一款对的望远镜是个艰难的任务。对于低功率深空观测来说，一台好的望远镜可能是不错的选择，但要观测月球和行星，未必是最好的。在天文学杂志上，各类型望远镜的广告多到令人吃惊。幸运的是，如今这些望远镜（其中进口自中国的比例越来越高）的光学和制造质量对于一般的天文观测和中低功率火星观测来说是可以接受的。

　　无论望远镜的孔径或物理尺寸如何，在购买任何望远镜时，最重要的就在于要关注它的光学质量。除了好口碑的望远镜商家之外，我不建议从任何其他渠道购买一架新的望远镜，我建议应该避免听取哗众取宠的报纸广告、百货公司和普通电器商店的建议。可惜啊，报纸上刊登的望远镜和双筒望远镜大清仓广告往往夸夸其谈，言过其实，声称有超级放大率，拥有能够展示宇宙一切奇迹的配置。这些广告试图以"科学"来蒙蔽新手，试图掩盖他们的产品可能完全由塑料制成的这一事实——甚至连镜片也是如此！这种光学怪胎被用于任何观测都毫无用处。它们呈现出的糟糕景象足以劝退那些新手天文爱好者！在大型商场零售商和百货公司销售的望远镜通常溢价过高。不仅如此，大型的普通零售商并不怎么关心他们商品的光学质量，而且售货员除了能说明印在盒子上的简介外，很可能无法告知买家这款望远镜是否适合用于天文观测。你如果打算买下哪一款望远镜，那就仔细检查，并做个快速的观测调试，这样就能够看到零售商对其商品质量的信心，并且感受到用户的使用友好度。在商店明亮的灯光下，任何光学上的重大缺陷或仪器外观上的凹痕和缺陷都会很快暴露出来。

任何在专门销售和/或制造光学仪器上有好口碑的商家都会在价格、服务和建议方面给你最满意的方案。所有天文器材的主要零售商都会在天文杂志上刊登广告。他们中的大多数都制作了产品目录，可以在网上浏览，或者有印刷品供参考。

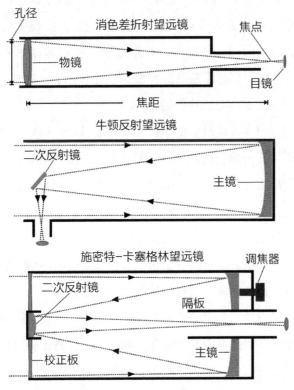

图 11.2 消色差折射望远镜、牛顿反射望远镜和施密特–卡塞格林望远镜的基本光学配置。马克苏托夫–卡塞格林望远镜与施密特–卡塞格林式相似，只是前者使用了弯月形透镜而不是校正板，并且在弯月形透镜内有一个镀铝的中心点而没有用内置的副镜结构。

11.4 ᛫折射望远镜

　　想象一下，一名典型的业余天文学家所用的望远镜，首先跃入大部分人脑海的就是折射望远镜了。折射望远镜在一个封闭的管子两端有一个物镜和一个目镜。光线被物镜收集并聚焦（光线被折射，由此得名），而目镜则放大聚焦的图像。人们经常提到望远镜的焦距——指的就是镜头和焦点之间的距离，以镜头直径的倍数或毫米为单位表示。一个 100 毫米 f/10 镜头的焦距为1000 毫米。一个 150 毫米 f/8 镜头的焦距为 1200 毫米。目镜也拥有一个焦距，但它总是以毫米表示，而不是以焦距比表示——例如，不存在 f/10 目镜这样的东西。

　　伽利略望远镜是最简单的折射望远镜形式，拥有一个物镜和一个目镜。它们饱受色差与球面像差之苦，前者是由于光线通过玻璃折射后被分割成了不同的颜色，后者是由于光线没有被带到单个焦点上。

　　透过伽利略望远镜，火星看上去被色彩鲜艳的光圈所包围，整个图像像是被冲洗过，看上去很模糊。廉价的小型望远镜试图通过在望远镜管内放置大块的挡板来减轻球面像差带来的最坏影响，防止光锥的外侧部分向下移动到目镜中。这种粗糙的伎俩只是让一个糟糕的图像看起来不那么糟糕，而且挡板的存在减小了仪器孔径，降低了它的光线把握和分辨能力。

　　优质的天文寻星镜和单筒望远镜虽然小，但不应该与伽利略望远镜相混淆。寻星镜附加在低功率的折射镜上，与大型望远镜相连并精确对准，以便观测者能够定位天体。当天体位于寻星镜的十字准线上时，主仪器也能以较高的倍率看到它。寻星镜拥有消色差物镜（通常为 20~50 毫米），以及可调整焦点的固定目镜。直通式的寻星镜呈现出倒置的视野，因此不适合在陆地上使用。单筒望远镜为小型手持式望远镜，拥有小型（通常为 20~30 毫米）消色差物镜。单筒望远镜使用屋脊棱镜，提供了低功率、正向的视角。它们可以放在大衣口袋里，粗略地观测火星时很好用，由于它们的真实视场很大，还可以看到火星附近的亮星和行星。

一架制作精良的望远镜，无论大小，都能提供一个着实喜人的火星景象。那些声称孔径小于 75 毫米的望远镜在火星观测上毫无用处的人，误解了大多数人观测的主要原因——他们是出于想亲眼看到这个遥远世界的纯粹乐趣。尽管小型望远镜无法揭示火星的精细细节，但良好的冲日时机提供了足够的细节，让新手心醉不已。

在视宁度不佳的夜晚，大气层发着微光，星星疯狂闪烁时，试图用大型仪器在高倍率下观测火星可能只是徒劳，因为火星可能呈现为一个闪闪发光的亮橙色圆球，几乎不值得费心思去看。在这些夜晚，小型望远镜有时会提供一个明显比大型望远镜更清晰、更稳定的图像，因为小型望远镜不会和大型望远镜一样辨析出大气湍流。小型望远镜还有一些其他优点：小型望远镜便于携带，可以方便地带去观测点周围，避开树木与建筑物这类在地的遮蔽物。一台相对便宜的小型望远镜可以视作一件消耗品。出于这个原因，观测者实际上可能倾向于更经常地使用它，而不是一直用一架"珍贵的"高端望远镜——一台廉价望远镜的外部结构或光学器件因为意外导致的损坏，其心碎程度可远比不上撞坏一台价格是其 10 倍的仪器。

最便宜的小型望远镜，包括那些使用拉管聚焦图像的手持式老式黄铜"海军型"望远镜，都有一个固定的目镜，提供一个恒定的倍率。一些目镜固定的望远镜更复杂，允许目镜提供的倍率有一些变化。一台可以互换目镜的望远镜，可以令倍率在低功率和高功率之间切换，是一台功能更多的仪器。这类望远镜往往提供两个或三个目镜，也许还有一个称为巴洛透镜的放大目镜——这些可能是小型的塑料安装目镜，镜筒直径为 0.965 英寸。它们可能只有非常基本的光学设计，提供质量非常差的视图，30 度（甚至更小）的视场角实在是太窄了。

　　目镜可不是个配件——它们对望远镜的表现所起的作用与它的物镜一样重要。因此，如果一台小型仪器的表现不如预期，不要直接把它扔掉，替换上一些从光学零售商那里购买到的、质

图 11.3　作者的女儿杰西·格雷戈通过一架"经济型"的 60 毫米消色差望远镜进行观测。望远镜原装的塑料目镜被替换成了高质量的目镜。这里使用的是 0.965 英寸的蔡司 16 毫米准确显像镜。

量更好的目镜。最广泛使用的目镜镜筒直径为 1.25 英寸，这些目镜可以用适配器安装到 0.965 英寸的目镜筒上。普罗素目镜提供了一个大约 50 度的视场角，还是能够在预算内买到这种设计的目镜的。好质量的目镜可以使小型平价望远镜在中低倍率下观测火星时表现良好（关于目镜的更多信息见下文）。

优质的天文折射镜有一个消色差物镜，包括两个用不同类型玻璃制成的特殊形状镜片，紧密地挨在一起。这些镜片试图将所有不同波长的光聚焦到一个焦点上。消色差物镜并不能完全消除色差，但一般来说，在长焦距折射镜中，其影响不太明显。许多经济型进口消色差折射镜的焦距为 f/8，短至 f/5。尽管它们确实能显示出明显的色差，主要表现为月球和较亮行星周围的紫色边缘，但它们具有良好的分辨率和对比度。减少伪色的一个省钱办法是使用一个拧在目镜上的减紫光对比度增强滤镜。另一种减少色差的方法更为昂贵，是使用专门设计的镜片（一个品牌名叫"Chromacorr"），它可以安在目镜上，将一个平价消色差折射镜转变为一个接近高端的高度消色差镜性能的望远镜。

高度消色差折射镜在其两片或三片物镜中使用了特殊的玻璃，使得光线达到精确焦点，呈现出几乎不受色差影响的图像。通过高度消色差镜观测火星，几乎完全没有色差，且对比度很高，效果与透过优质长焦牛顿折射镜看到的那种景象相媲美（见下文）。就光圈孔径而言，一台高度消色差折射镜的价格将是经济型消色差折射镜的 10 倍。

折射镜几乎不需要维护。它们的物镜在出厂时就已经对准，并密封在一个装置中，开箱后就可以立即使用。我们没理由把物镜拧开，从装置里取出来。尽管许多业余天文学家有好奇的天性，都想这么做——想看看这东西是如何组装起来的！但我不建议这样做，因为重新组装的镜片的表现会变差，而且缺陷往往会很明显。随着时间的推移，镜头的外表面会积累相当多的灰尘和碎片，但清洁起来还是一定要非常小心。

大多数镜片都有一层薄薄的抗反射涂层，如果镜片清洁不当，这层涂层会遭到破坏。不管在什么情况下，绝不能用布大力地擦拭镜片。应该用柔软的光学刷或气枪小心地清除灰尘颗粒，任何残留的污垢都可以用光学镜片擦拭布轻轻擦除，每用一次都要一气呵成。应该让镜头上凝结的水珠自然风干，千万不能擦拭。

图 11.4　这些令人印象深刻的折射镜（4 英寸和 7 英寸的库克望远镜）来自维多利亚时代，它们被放置在英国埃奇巴斯顿的一个天文台里。20 世纪 80 年代，作者曾多次使用它们观测火星。

11.5 ❘ 反射望远镜

　　反射望远镜用一面特殊形状的凹面主镜收集光线，并将其反射到一个清晰的焦点上。反射光没有色差影响，但它们容易产生球面像差，尤其在短焦距系统中。牛顿望远镜是最流行的反射望远镜设计，它使用了一面凹面主镜，装在镜筒底部的单元中。一面较小的平面副镜装在靠近镜筒顶部的"蜘蛛"支撑结构上，将光从侧面通过镜筒反射到目镜中——观察者似乎不是直接"通过"望远镜，而是从侧面观察，这一点似乎让许多外行人感到困惑。一台校准良好的长焦距（f/10 或更长）的牛顿望远镜将在高倍率下呈现出极好的火星细节视图。

　　卡塞格林反射望远镜拥有一面带中心孔的主镜。主镜将光线反射到一面小型凸面副镜上，副镜将光线反射到镜筒上，通过主镜上的孔进入目镜。卡塞格林反射镜容易出现像差散光和视场曲率的光学畸变，多数为大型观测仪器，焦距从 f/15 到 f/25 不等——非常适合在高倍率下进行火星研究。

　　反射望远镜比折射望远镜需要更多的照顾和关注。震动或镜筒突然磕了一下就会导致主镜在其单元中错位，或是副镜在"蜘蛛"里错位。光学器件的错位会导致低图像质量变差，如暗淡、模糊和聚焦点附近出现多个图像。一架全新的牛顿望远镜从纸箱中取出后，很可能需要重新校准，以便尽可能精确地使光学元件对齐。要校准 2 个主镜通常可以通过使用镜子单元底部的 3 枚翼形螺帽来手动调整，而副镜通常需要一把小螺丝刀或六角扳手。校准对于新手来说可能很费时，而且有点棘手，但新的望远镜应该有足够的指导说明，而且互联网上有许多资源也提供详解。有一些方法可以达到良好的准直效果，包括激光准直器和一种叫作柴郡目镜的装置。卡塞格林比牛顿更难校准。大多数反射望远镜在使用时并不密封，并且涂有一层薄薄的铝反射涂层，主镜和副镜暴露在露天环境中品质会逐渐变差，特殊涂层可以将镜子的寿命延长两到三倍。然而，随着时间的推移，所有的镜子都会积上一层灰尘和碎屑。在晚上用手电筒照射时，主镜会看上去脏得让人心惊。镜面上的碎屑会散射光线，随着镜子变得越来越脏，主镜的效果也会越来越差，导致图像对比度下降。清洁铝涂层镜的表面必须非常小心，因为硬的碎片刮过薄薄的镀铝表面会像溜冰鞋在冰上滑动一样留下痕迹。松散的碎屑可以用吹风机或压缩空气罐吹走。镜子可以用棉絮和镜头清洁液或镜头擦拭剂清洁——下手必须非常轻柔，要干净利落地一次性擦拭。

延长反射望远镜生命周期的一个方法就是在望远镜的孔径上张开一层光学透明的薄膜，来密封镜筒的顶部（牛顿望远镜的底部通常是开放的，这是为了让空气自由流通从而获得更好的图像质量）。可购入一大张这种材料，将其裁剪成合适的尺寸。为了获得最好的图像质量，最好让薄膜紧绷，抚平褶皱。当薄膜本身变脏时，可以轻易地制作出另一张。一架保养得宜的牛顿望远镜可以坚持 10 年以上再重新进行镀铝。

图 11.5　作者的"天文台"——Nos Ebrenn（康沃尔语：夜空）一瞥。里面有两台 200 毫米的施密特–卡塞格林（LX 90 和老式 Dynamax 8）望远镜和一台自制的 150 毫米 f/11 牛顿望远镜，而外面是"法官号"，一台自制的 300 毫米牛顿望远镜。

11.6 ▍折反射系统

　　折反射望远镜使用镜子和镜片的组合来收集与聚焦光线。有两种流行的折反射望远镜式样——施密特－卡塞格林望远镜和马克苏托夫－卡塞格林望远镜。施密特－卡塞格林望远镜正变得越来越流行，光线通过一块大型校正板进入望远镜筒顶——这是一块平面窥镜，中心装有一面大型副镜。

　　校正板实际上不是球面形状，它旨在将光线折射到内部的主镜上，主镜将光线反射到凸面的副镜上，副镜又将光线反射到镜筒上，光线通过主镜上的一个中心孔进入目镜。施密特－卡塞格林望远镜中副镜的尺寸相对较大，会产生一定程度的衍射，略微影响图像的对比度。一架光学与准直皆佳的施密特－卡塞格林望远镜将呈现出极佳的火星景象。此外，由于它们的设计，许多有用的附件可以被连接到"视觉背面"（通常是目镜适配的望远镜部分）——对火星观测者有用的配件包括滤镜轮、单反相机、数码相机、摄像机、网络摄像头和 CCD 相机。

　　马克苏托夫－卡塞格林望远镜使用一块球面主镜和一面深弧形的 (弯月形) 球面透镜，透镜安装在镜筒前方。马克苏托夫－卡塞格林望远镜中的副镜是一个直接在弯月形镜面内部镀铝的小点。光线通过弯月形透镜进入镜筒，折射到主镜上，并通过副镜和主镜上的一个中心孔反射到目镜中。尽管马克苏托夫－卡塞格林望远镜与施密特－卡塞格林望远镜看起来非常相似，但马克苏托夫－卡塞格林望远镜在月球和行星上的表现往往要好得多。由于其长焦距和对球面像差的出色修正，马克苏托夫－卡塞格林望远镜为火星表面提供了出色的分辨率和高对比度视图。

11.7 望远镜分辨率

　　望远镜的物镜或主镜越大，在火星上看到的细节就越多，但这终究会受到观测条件质量的限制（见下文）。在视宁度非常好的夜晚，望远镜孔径（D，毫米）的分辨率（R，角秒）可以通过使用公式 R=115/D 计算出来。

表 11.1

孔径（毫米）	分辨率（角秒）	建议最大放大倍数
30	3.8	60
40	2.9	80
50	2.3	100
60	1.9	120
80	1.4	160
100	1.2	200
150	0.8	300
200	0.6	400
250	0.5	500
300	0.4	600

1 角秒的分辨率——150 毫米的望远镜可以轻松获取——相当于当火星处于近日点冲时，火星圆面中心约 280 千米（安大略湖的大小），视直径约为 25 角秒。

11.8 目　镜

　　一架望远镜可以拥有数值最完美的镜片或镜面，但若是使用了劣质的目镜，它会无法发挥最佳的性能。一个目镜的倍率可以通过将望远镜的焦距除以目镜的焦距来计算。一枚 20 毫米的目镜用在一个焦距为 1500 毫米的望远镜上，其倍率即 75（1500/20=75）。同样的目镜在焦距为 800 毫米的望远镜上可以放大 40 倍（800/20=40）。

　　建议至少要配备 3 枚高质量的目镜，以提供低、中、高三档倍率。在天体背景下观察火星、偶尔接近的明亮星辰以及深空天体，用一个低功率目镜效果绝佳。使用一架焦距为 1000 毫米的望远镜，一个 20 毫米焦距的目镜，视场角 50 度，能够实现 1 度左右的真实视场，倍率为 50 倍。高功率目镜的倍率应该是望远镜孔径的 2 倍（以毫米为单位）——例如，100 毫米折射镜的倍率为 200。只有在观测条件允许的情况下，才能实现对火星进行高功率的观测。

　　佩戴眼镜的人应考虑他们可能想要购买目镜的适眼距。适眼距是指眼睛可以舒适地看到目镜整个视野的最大距离。具有长适眼距的目镜可以让戴眼镜的人舒适地观看，不必为了让眼球靠近目镜镜片而摘下眼镜。有些目镜的适眼距比其他的设计得更好。

　　目镜有 3 种筒径——0.965 英寸、1.25 英寸和 2 英寸。许多经济型小型望远镜所配备的 0.965 英寸目镜往往由塑料制成，设计非常不成熟，光学质量也很差。优秀的 0.965 英寸目镜现在很难找到，所以最好是升级到 1.25 英寸目镜。大多数望远镜的调焦器都是为适配 1.25 英寸的目镜而制造的，其中一些还可以适配 2 英寸的筒状目镜。2 英寸的筒状目镜会是沉重的野兽，拥有令人难以置信的大块镜片。它们通常适用于宽角度、长焦距的光学系统，是深空观测的理想之选。

经济型望远镜通常提供惠更斯式、冉斯登式或凯尔纳式目镜，这些目镜的视场都非常有限——与其说是太空漫步，不如说是深海潜水的体验。以上 3 款目镜不适合在高倍率下观测火星。

惠更斯望远镜的设计非常古老，由两块平凸透镜组成。凸面都面向射入的光线，焦平面位于两块透镜之间。惠更斯望远镜的校正不足（来自镜片外侧的光线比中央部分聚焦的光线焦距更短），但每块镜片的像差能够有效地相互抵消。惠更斯望远镜提供的视场角非常小，只有 30 度（甚至更小），并且只适用于焦距为 f/10 或更大的望远镜。此外，惠更斯望远镜的适眼距也不理想。

冉斯登望远镜是另一款设计非常古老的望远镜，与惠更斯望远镜一样，由两块平凸透镜组成，但两个凸面镜面对彼此（有时透镜可能被接在一起以提供更好的校正），焦平面位于向场镜（首先拦截光线的透镜）前方。冉斯登望远镜的视场比惠更斯望远镜的更平坦，也更大，但它容易产生更严重的色差，在短焦距望远镜上的表现不佳，而且适眼距较差。

凯尔纳望远镜是 3 款基本设计中最年轻的一款。与冉斯登望远镜类似，其眼透镜（最接近眼睛的透镜）由消色差双合透镜组成。凯尔纳望远镜提供比惠更斯望远镜更好的对比度景象，其视场角约为 40 度，但在观测火星冲日时所呈现的这样的明亮天体时，总是会出现恼人的内部重影现象。与冉斯登望远镜一样，凯尔纳望远镜的焦平面正好位于场镜的前方，所以任何碰巧落在场镜上的微小灰尘颗粒都会被看成火星上的昏暗剪影。凯尔纳望远镜有良好的适眼距，焦距超过 15 毫米的凯尔纳望远镜表现最好；短焦距的凯尔纳望远镜会在视野边缘产生模糊效果，同时产生色差。

单心目镜由一面任一侧黏合有双凸镜的弯月形透镜组成。尽管单心目镜的视场角很窄（约为 30 度），但它能提供清晰、无色、高对比度的绝佳火星图像，而且可以用于低焦距望远镜。

无畸变目镜由 4 个元件组成——一块消色差双合透镜和一块黏合的三合场镜。它们有良好的适眼距，产生一个无像差的平坦视场，并提供出色的火星高对比度视图。它们的视场角从大约 30 度到 50 度不等。

尔弗利目镜有多个透镜（通常是一组两套的消色差双合透镜和一个单透镜，或 3 个消色差双合透镜），可提供 70 度的宽阔视场，色彩校正良好。当它与长焦距望远镜一起使用时表现最好，最好的版本要数 25 毫米以上的焦距。然而，视场边缘的清晰度往往会受到影响，而且在观测火星等明亮天体时，多块镜片会产生内部重影和恼人的鬼影。

如今普罗素是最流行的目镜，它拥有四元素的设计，呈现出良好的颜色校正和 50 度左右的可见视场，平坦且一直到视域边缘都保持锐利。它们可以用于焦距极短的望远镜。拥有长焦距的标准普罗素目镜适眼距良好。标准设计的低焦距普罗素适眼距则较差，因此它们在用于高倍率火星观测时可能有点尴尬，但也有适眼距更长的版本。如果你对每次使用不同目镜都要重新调焦感到有点不安，有些系列的目镜是同焦的，这意味着当你在切换时几乎不需要调整焦点。

现代人追逐优质的宽视场目镜，令 Meade UWAs、Celestron

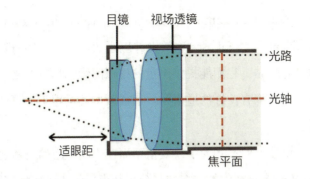

图 11.6　普罗素目镜内部的简易横截面示意图

图 11.7　适合火星观测者的目镜和配件系列。从上往下顺时针：24 毫米的低功率广角目镜、18 毫米的广角中功率目镜、f/6.3 减焦器、9 毫米高功率无畸变目镜、红色滤光镜、2 倍巴洛镜。通过这些设备的不同配置，可以看到不少于 18 种的不同火星景色。

Axioms、Vixen Lanthanum Superwides、Tele-Vue Radians、Panoptics、Naglers 和 Ethoses 这类设计应运而生。此外还有这些目镜的众多克隆品。它们能提供出色的校正图像，具有非常大的可见视场，而且都有良好的适眼距。短焦版本还可用于火星的中高功率观测。

变焦目镜让人们不必为了改变倍率而在不同焦距的目镜之间切换。包括 Tele-Vue 在内的许多知名公司都出售优质的变焦目镜。变焦目镜已存在多年，但它们还没有在严谨的业余天文学家中得到广泛的普及，也许是因为人们认为变焦目镜是与许多经济型双筒望远镜和望远镜有联系的一种新兴事物。优质的变焦目镜绝不是随便玩玩的东西，它们通过调整一些透镜之间的距离来实现一系列焦距。一款受欢迎的高级 8~24 毫米焦距变焦目镜，当将其设置在其最长焦距 24 毫米时，仅有 40 度的可见视场，但随着焦距的缩短，可见视场扩大，在 8 毫米时可见视场可达 60 度。一款优秀的变焦目镜可以取代许多普通目镜，且成本很低，火星可以被随意放大，但每次变焦时必须对望远镜进行重新聚焦。

11.9 双目观测器

　　双目观测器将来自望远镜物镜的光束分成两部分，反射到两块相同的目镜中。大多数双目观测器需要一个长光路，它们只适用于聚焦器能够被架设到足以使主焦点通过双目观测器曲折光学系统的仪器。双目观测器可能无法通过标准的牛顿望远镜进行聚焦，最适合的仪器是折射望远镜和折反射望远镜（施密特－卡塞格林望远镜和马克苏托夫－卡塞格林望远镜）。双目观测器的设计是与两块相同的目镜一起使用（至少要是 2 块相同焦距的目镜）。建议使用焦距为 25 毫米或更短的目镜，因为当使用焦距更长的目镜时，视场边缘的"暗角"会变得很明显。使用两块高级变焦目镜可以省去交换目镜来改变倍率的烦琐。

　　用两只而不是一只眼睛去近距离观察火星有明显的优势。使用双眼更舒适，而且所看到的景象也更清晰。用两只眼睛看，二维的图像便有了近乎三维的外观，许多观测者声称能够辨识出更多细节。

11.10 ┃ 望远镜支架

　　把望远镜连接到一个坚固的支架上很重要。为了随着地球自转而将火星留在目镜中，望远镜也要能够顺畅地移动。最简单的安装方式是将望远镜插入一个大球中，这个大球可以在"吊篮"中自由而平稳地旋转——有几台小型反射望远镜就是以这种方式安装的，用起来乐趣无穷。

11.11 ▌地平装置

　　地平装置可以令望远镜上下（高度）和左右（方位）移动。小型非驱动台式地平装置通常搭配有小型折射望远镜，但它们的结构质量可能很差。大多数问题都是由高度轴和方位轴上的轴承不足所导致——它们可能太小，而且可能难以达到适当的摩擦力。轴承过紧则会导致需要用太多的力来克服摩擦，无法获得平滑性。更好的地平装置模型拥有慢动作旋钮，可以在不需要推动望远镜筒的情况下移动望远镜。如果装置本身很轻且不稳定，那么它很容易被风轻轻一吹就晃动，导致它无法在野外使用——将望远镜安装在一个高质量的相机三脚架上可能会更好。

　　多布森是地平装置，几乎只用于短焦距的牛顿反射望远镜。自从几十年前发明以来，它们已经变得广受欢迎，因为它们搭建简单，使用方便。多布森装置由一个带有方位轴承的地盒与另一个容纳望远镜筒的箱子组成。高度轴承位于望远镜管的平衡中心，它可以利落地滑入地盒的凹槽中。低摩擦力的材料如聚乙烯、特氟龙、福米加等被用于承重表面，指尖一触碰就可以让巨大的多布森装置轻松移动。轻型结构材料，如中密度纤维板和胶合板，让装置既坚固又便于携带，商业化生产的多布森装置适用于 100毫米到半米孔径的牛顿望远镜。

　　安装在无驱动地平装置或多布森上的望远镜视野内，将火星维持在一直到 50 倍倍率并不太困难。放大倍率越高，火星在视野中的移动速度就越快，就需要更频繁地进行小幅调整，使火星保持在视野中心。如果观测者想画下火星特征的观测速写，无驱动望远镜的倍率极限是 150 倍——再高的话，每次绘图后都需要对仪器进行调整——这是一个烦琐的过程，会令绘图时间翻倍。在 150 倍的情况下，一个位于视野中心的特征将需花大约 20 秒的时间来移动到视野边缘。高倍率的无驱动望远镜还需要一个坚固的支架，被推动时不会过度摇晃，也需要光滑的轴承来应对轻触，并产生很少的反冲力——只有最好的地平装置或多布森装置才有这种性能。

图 11.8　作者与他的 200 毫米施密特–卡塞格林望远镜（左）和自制的 300 毫米牛顿望远镜（多布森装置）。

11.12 ┃ 赤道装置

　　严肃的火星观测需要将望远镜安装在一个坚固的平台上，其中一根轴与地球的自转轴平行，另一根轴与之成直角。在一台没有驱动的赤道望远镜中，可以把火星置于视野中心，并保持在那里，偶尔触摸一下镜筒或转动一下微动旋钮，改变一根轴的指向——远比在置于地平装置上的望远镜的两根轴上调整望远镜来将一个天体保持在视野中更容易。一台对准、平衡良好的驱动赤道装置可以让观测者有更多的时间欣赏火星，不用担心它很快就会飘出视野范围。赤道转仪钟以"恒星"速率运行，使位于视野中心的天体在很长一段时间内保持在那里，这取决于赤道装置的极轴如何对齐、驱动器速率的准确性和天体的可见运动。

　　安装在铝制三脚架上的德式赤道装置最常与大中型折射望远镜和反射望远镜一起使用。安装在德式赤道装置上的望远镜可以转到天空的任何地方，包括天极。施密特－卡塞格林望远镜往往被安装在一台重型分叉赤道装置上。望远镜悬挂在分叉的两臂之间，底座经过倾斜指向天极。当它们安装目镜的基座上附加了一件特别大的配件（如一台 CCD 相机）时，这些仪器有时无法观测到天极周围的小区域，因为望远镜无法在分叉和底座之间充分摆动——这不是问题，因为火星从来没有接近过天极！

　　许多业余爱好者选择把他们的支架和望远镜放在棚屋内，每当有一个晴朗的夜晚才把它架起来——搭建需要一些时间，通常分几个阶段完成。装置的极轴必须至少与天体的北极大致对齐，以便它能精准追踪。三脚架在倾斜的地面上很难调整，在黑暗中绕着仪器走动时，脚架不仅会影响定位，而且坐着的观测者总是会时不时敲到三脚架，导致图像抖动。为了免于每次观测时设置和对准极地的烦琐工作，一些业余爱好者会建造一个永久性的墩子，嵌在混凝土中，来固定并调整他们的赤道装置，他们的整架施密特－卡塞格林望远镜和装置可以快速和安全地固定在上面。

11.13 | 计算机装置

计算机正在以多种方式对业余天文学进行革新，其中一个最明显的迹象就是由计算机控制的望远镜越来越多。这些望远镜种类繁多——小型折射望远镜安装在计算机驱动的地平装置上，大型施密特－卡塞格林望远镜安装在计算机化的分叉支架和德式赤道装置上。一些标准的无驱动赤道装置可以升级，可以接受标准的转仪钟或计算机驱动。在输入观测地点的细节和准确时间后，计算机望远镜可以自动回转到地平线以上任何天体的位置，只需按下键盘上的几个按钮。较小的计算机望远镜的装置往往不太坚固，无法承受比望远镜本身更多的重量，并保持良好的指向和追踪精度——虽然用它们观测火星也还过得去，但它们可能架不住额外沉重的配件，像是数码相机或双目观测器。例如，由米德仪器（Meade）和星特朗（Celestron）生产的大型施密特－卡塞格林类型的电脑望远镜，其结构足以容纳沉重的配件。一台计算机望远镜可以自动回转到火星的位置，只要按一下按钮就可以准确地追踪它，基本的火星信息可以在观察屏幕上显示。不足为奇的是，许多使用传统赤道装置的火星观测者可能认为这些小小优势不足以说服他们进行升级。经常有人争论，计算机望远镜装置拉低了实用天文学的"门槛"，因为能够方便地定位天体，它消除了业余爱好者探究天空的渴望，他们不必再用星桥法来寻找较暗的深空天体。这样的争论无疑将在未来很长的一段时间里持续。

附

录

协会

大众天文学协会（SPA）

官网：http://www.popastro.com

地址：The Secretary, 36 Fairway, Keyworth, Nottingham, NG12 5DU, United Kingdom.

邮箱：membership@popastro.com

大众天文学协会创立于 1953 年，是英国最大的天文协会。它面向所有水平的业余天文学家。出版物包括季刊《大众天文学》和每年六期的新闻通告。大众天文学协会每季度在伦敦举办一次会议。

SPA 行星分会网址：http://popastro.com/planetary/

SPA 行星分会蓬勃发展，由阿兰·克利瑟罗领导。

英国天文协会（BAA）

官网：http://www.britastro.org

地址：The Assistant Secretary, The British Astronomical Association, Burlington House, Piccadilly, London, W1J 0DU, United Kingdom.

一个总部位于英国的天文协会，面向具有高级知识和专业水平的业余天文爱好者。

BAA 火星分会网址：http://popastro.com/planetary/

BAA 火星分会由理查德·麦金博士领导。

英国皇家天文学会（RAS）

官网：http://www.ras.org.uk

地址：Royal Astronomical Society, Burlington House, Piccadilly, London, W1J 0BQ, United Kingdom.

英国皇家天文学会创立于 1820 年，是英国天文和天体物理学、地球物理学、太阳和日地物理学，以及行星科学的领先专业机构。它的双月刊《天文学和地球物理学》会不定期刊登一些关于行星的信息类文章。英国皇家天文学会的会员资格向非专业人士开放。

月球和行星观测者协会（ALPO）

官网：http://www.lpl.arizona.edu/alpo

这是一个总部位于美国的大型天文协会，它有一个优秀的火星分会和海量线上资源及网络连接。

意大利天文爱好者协会（UAI）

官网：http://www.uai.it/

总部设在意大利，拥有活跃的行星观测部门，网站上的信息非常丰富。

网络资源

每日一天文图

http://antwrp.gsfc.nasa.gov/apod/astropix.html

美国国家航空航天局（NASA）/喷气推进实验室（JPL）太阳系统模拟器

http://space.jpl.nasa.gov/

美国地质勘探局（USGS）天体地质学研究计划网站的行星命名索引

http://planetarynames.wr.usgs.gov

美国国家航空航天局（NASA）的行星摄影杂志

http://photojournal.jpl.nasa.gov/targetFamily/Mars

太阳系总览：

http://ftp.uniovi.es/solar/eng/homepage.htm

书籍

《火星》

作者：E. M. 安东尼亚迪

出版社：里德（1975）

本书最初写于 1930 年，包括作者自己对火星的观察。其中的大部分对今天的观察者来说仍然非常有用。这本书现在已经绝版了，但如果你能弄到一本，你一定不会失望的！

《天文网络素描：使用 PDA 和平板电脑观测绘图》

作者：彼得·格雷戈

出版社：施普林格（2009）

这是一本使用掌上电脑绘制天文物体电子草图的指南。

《NASA 太阳系袖珍地图集》

作者：隆纳·格里利、雷蒙德·M.巴特森

出版社：剑桥大学出版社（2002）

本书包含了火星星图的详细参考书。

《火星：观测和发现史》

作者：威廉·H.希恩

出版社：亚利桑那大学出版社（1996）

本书对火星观测的历史进行了详细研究，并概述了探索这颗红色星球的计划（现已过时）。

《火星：红色星球的诱惑》

作者：H.希恩、斯蒂夫·詹姆斯·欧米拉

出版社：普罗米修斯图书出版公司（2001）

这是一部精美的历史研究作品，讲述了火星观测者及他们了解这颗红色星球的动力。

专业术语释义

Albedo **反照率**

衡量一个物体反射比率的度量单位。一个纯白色反射表面的反照率为 1.0（100%）。一个深黑色的不反光表面，其反照率则为 0.0。

Altitude **地平纬度**

一个物体在观测者所处地平线之上的角度。地平线上物体的地平纬度为 0 度，而取天顶的角度为 90 度。

Aperture **孔径**

指望远镜的物镜或主镜的直径。

Aphelion **远日点**

一个天体在轨道上离太阳最远的一点。

Apparition **可见期**

行星、小行星或彗星在与太阳相合之时可被观测到的时间段。

Arcminute **角分**

角度单位。1 度（°）=60 角分（′），以′作为符号表示。

Arcsecond **角秒**

角度单位。1 角分（′）=60 角秒（″），以″作为符号表示。

Asteroid **小行星**

在轨道上环绕太阳运动的巨大坚实岩体。

Astronomical Unit **天文单位**

用于方便测量太阳系内间距的一种度量单位，基于地球到太阳的平均距离。1 个天文单位（AU）=149,597,870 千米。

Atmosphere **大气层**

围绕行星、卫星或恒星的一层混合气体。

Axis **自转轴**

一条假想的轴线，一颗行星绕其自转。

Basin **盆地**

相当庞大的圆形结构，往往由撞击形成，包括多个同心圆。

Caldera **火山口**

火山顶上由沉降或爆炸引起的巨大凹陷。

Catenae **坑链**

一连串的撞击坑。

Central peak **中央峰**

在撞击坑中心发现的隆起，通常由撞击后的地壳回弹形成。

Conjunction **相合**

从地球上看过去，一颗行星明显接近太阳或另一颗行星的状态。当太阳位于火星和地球之间时，火星就与太阳相合。

Crater **撞击坑**

一种环形地貌，通常在其周围环境下呈凹陷状，由一道环形（或接近圆形）的壁垒所包围。太阳系中几乎所有可见的大型环形山都由小行星的撞击形成。但也有一些较小的环形山是内源性的，由火山活动造成。

Culmination **中天**

一个天体穿过观测者所处子午圈的时刻，即天体位于地平圈最高的时刻。

Dark side **暗面**

一个不经过阳光直接照射的半球实体。

Degree **度**

角度单位。1 度为 1/360 个圆周。以符号°表示。在热量语境中，度是测量温度增量的单位。在天文学的温度测量中，往往使用摄氏度（℃）或是开尔文温度（K）。水的冻结温度为 0℃或是 273.15K。0K 或 –273.15℃是我们熟知的绝对零度，在此状态下所有的分子运动都停止了。

Dome 穹丘

一个低矮、拥有浅角立面的圆形隆起。它们可能是由于火山或是地壳压力造成的。

Eccentricity 偏心率

衡量一个天体的轨道偏离圆形的程度。一个圆形轨道的偏心率为 0。偏心率在 0 和 1 之间的代表一个椭圆轨道。

Ecliptic 黄道

一年中太阳在天球上的视路径。黄道与天球赤道的倾斜度为 23.5 度。火星在接近黄道的轨迹上运行。

Ejecta 弹射物

从流星体或小行星撞击处抛出的落在周围地形上的碎片。大型撞击产生的弹射物由熔化的岩石和较大的固体碎片组成，在某些情况下还产生明亮的射纹系统。

Elongation 距角

天体离太阳的可视角距离，在太阳以东或以西的 0 至 180 度之间。

Ephemeris 星历表

按日期顺序提供天体信息的数字数据或图表，如月球的升起和落下时间、火星的光照变化、木星中央子午线的经度等。

Equator 赤道

天球上的大圆，其平面通过其中心并垂直于其自旋轴。

Fault 断层

行星地壳上由拉伸、紧缩或侧向运动引起的裂缝。

Gibbous 凸相

天球介于半弦（50% 光照）和满相（100% 光照）之间的阶段。

Graben 地堑

因地壳张力引起，由两个平行断层围成的谷地。

Highlands 高地

火山口或山地密集的区域。

Impact crater 撞击坑

大型投射体高速撞击行星地壳形成的爆炸性陷坑。

Lava 熔岩

经火山挤压到星球表面的熔融岩石。

Limb 边缘

一颗行星的可视边缘。

Lithosphere 岩石圈

一颗行星的坚硬表层。

Mare（复数形式：Maria）海

大面积的暗反照率地区。

Massif 山块

一片巨大的隆起山地，往往由群山组成。

Meteorite 陨石

在穿过行星大气层后幸存下来的流星体。

Meteoroid 流星体

由岩石或金属组成的小型固态物，在绕太阳的轨道上运转。

Mons（复数：Montes）山

术语，"山"的总称。

Occultation 掩星

恒星或行星在月球边缘后消失或重新出现的现象。

Opposition 冲

一颗行星的天球经度与太阳的经度成 180 度时的位置。

Perihelion 近日点

一个天体在轨道上最接近太阳的一点。

Phase 相位

一颗行星或卫星被太阳照亮的程度。相位可以呈现为新月（低于 50% 的光照）或凸相（超过 50% 的光照）。

Planet 行星

围绕太阳运行的八个大型天体之一，包括了小型的固态行星水星到巨大的气态行星木星。

Quadrature 正交

当一颗行星与太阳成 90 度距角时，其所在的位置。

Ray 射纹

自撞击坑中辐射出来的明亮（尽管有时暗淡）的物质流。

Rift valley 暗隙谷

由地壳张力、断层和中层地壳块的水平滑动引起的地堑带地貌。

Rille 谷

狭窄的山谷。一些谷呈线性，由地壳张力和断层引起。还有一些呈现出蜿蜒的走势，有人认为这是由快速移动的熔岩流造成的。

Satellite 卫星

一个围绕着更大天体旋转的较小天体。

Secondary cratering 次级撞击坑

由大型撞击后飞溅出的大块固体碎片而冲撞出的陨石坑。次级撞击坑往往呈现出鲜明的链状形态，即成堆的物质在同一时间遭受撞击。

Seeing 视宁度

用于衡量通过望远镜目镜看到的图像质量和稳定程度。视宁度受主要受热效应所造成的大气湍流的影响。

Solar System 太阳系

太阳和其引力范围内的一切。

Sun 太阳

太阳系的中心星体。

Terminator 明暗分界线

分隔行星或卫星被照亮和未被照亮半球的线。

Universal Time (UT) 世界时

全球天文学家所使用的时间测量标准。世界时与格林尼治时间相同，与以观测者在地球上的位置和该地采用的时间惯例为准的地方时不同。

Volcano 火山

由熔岩与火山灰喷发所形成的一种高耸地貌。

Zenith 天顶

位于观测者正上空的一点。

火星特征译名对照表

Acheron Catena 阿刻戎坑链

Acheron Fossae 阿刻戎堑沟群

Achillis Pons 阿喀琉斯桥

Acidalia Colles 阿西达利亚小丘群

Acidalia Planitia 阿西达利亚平原

Acidalium Mare 阿西达利亚海

Aeolis 埃俄利斯

Aeolis Mensae 埃俄利斯桌山群

Aeolis Planum 埃俄利斯高原

Aeria 埃里亚

Aetheria 埃忒里亚

Aethiopis 埃塞俄比斯

Aganippe Fossa 阿伽尼佩堑沟

Agathodaemon 阿伽忒俄斯

Alba Mons 阿尔巴山

Alba Patera 阿尔巴山口

Albor Tholus 阿尔沃尔山丘

Alcyonius Nodus 阿尔库俄纽斯结

Alpheus Colles 阿尔甫斯小丘群

Al-Qahira Vallis 阿尔－卡希拉峡谷

Amazonis 亚马孙

Amazonis Mensa 亚马孙桌山

Amazonis Planitia 亚马孙平原

Amenthes 阿蒙蒂斯

Amenthes Fossae 阿蒙蒂斯堑沟群

Amenthes Planum 阿蒙蒂斯高原

Amenthes Rupes 阿蒙蒂斯峭壁

Amphitrites Mare 安菲特里忒海

Anseris Mons 安瑟瑞斯山

Antoniadi 安东尼亚第

Aonia Planum 阿俄尼亚高原

Aonia Terra 阿俄尼亚台地

Aonius Sinus 阿俄尼欧姆湾

Apollinaris Mons 阿波利纳里斯山

Apollinaris Tholus 阿波利纳里斯山丘

Arabia 阿拉伯

Arabia Terra 阿拉伯台地

Arago 阿拉戈

Aram 阿拉姆

Aram Chaos 阿拉姆混杂地

Arandas 阿兰达斯

Arcadia 阿耳卡狄亚

Arcadia Dorsa 阿耳卡狄亚山脊群

Arcadia Planitia 阿耳卡狄亚平原

Arena 阿雷纳

Ares Vallis 阿瑞斯峡谷

Arethusa Lacus 阿瑞塞莎湖

Argentea Planum 银色高原

Argyre basin 阿耳古瑞盆地

Argyre Planitia 阿耳古瑞平原

Argyroporos 阿尔吉罗波洛斯

Arnon 亚嫩

Arsia Mons 阿尔西亚山

Arsia Silva 阿尔西亚森林

Arsia Sulci 阿尔西亚沟脊地

Asclepii Pons 阿斯克勒庇俄斯桥

Ascraeus Chasmata 阿斯克劳深谷群

Ascraeus Lacus 阿斯克劳湖

Ascraeus Mons 阿斯克劳山

Athabasca Vallis 阿萨巴斯卡峡谷

Aurorae Chaos 奥罗拉混杂地

Aurorae Planum 奥罗拉高原

Aurorae Sinus 奥罗拉湾
Ausonia Australis 奥索尼亚南
Ausonia Borealis 奥索尼亚北
Ausonia Montes 奥索尼亚山脉
Australe Mare 南海
Australe Montes 南极山脉
Australe Planum 南极高原
Azania 阿扎尼亚

Bakhuysen 巴克赫伊森
Baldet 巴尔代
Baltia 波罗的亚
Baphyras Catena 巴菲拉斯坑链
Barsukov 巴尔苏科夫
Becquerel 贝克勒耳
Biblis Patera 比布利斯山口
Biblis Tholus 比布利斯山丘
Bond 邦德
Boreosyrtis 北瑟提斯
Boreus Pons 北桥
Bosporos 博斯普鲁斯
Bosporos Rupes 博斯普鲁斯峭壁

Campi Phlegraei 坎皮佛莱格瑞
Candor 坎多尔
Candor Chasma 坎多尔深谷
Capri Chasma 卡普里深谷
Capri Mensa 卡普里桌山
Casius 卡西乌斯
Cassini 卡西尼
Castorius Lacus 卡斯托罗湖
Cebrenia 刻布壬尼亚
Cecropia 刻克罗皮亚
Centauri Lacus 半人马湖
Centauri Montes 半人马山脉
Ceraunius Fossae 刻拉尼俄斯堑沟群

Ceraunius Tholus 刻拉尼俄斯山丘
Cerberus 刻耳柏洛斯
Chalce Montes 卡尔刻山脉
Charitum Montes 查瑞腾山脉
Chasma Australe 南极深谷
Chasma Boreale 北极深谷
Chersonesus 刻索尼苏斯
Chronium Mare 克罗尼乌斯海
Chronium Planum 克罗尼乌斯高原
Chryse 克律塞
Chryse basin 克律塞盆地
Chryse Chaos 克律塞混杂地
Chryse Planitia 克律塞平原
Chrysokeras 黄金角
Cimmeria Terra 客墨里亚台地
Cimmerium Mare 客墨里亚海
Claritas 克拉里塔斯
Claritas Fossae 克拉里塔斯堑沟群
Claritas Rupes 克拉里塔斯峭壁
Columbia Hills 哥伦比亚山丘
Comanche and Comanche Spur 科曼奇和科
    曼奇马刺
Copais 科帕伊斯
Copais Palus 科帕伊斯沼
Copernicus 哥白尼
Coprates 科普莱特斯
Coprates Catena 科普莱特斯坑链
Coprates Chasma 科普莱特斯深谷
Coracis Fossae 科拉奇斯堑沟群
Coronae Montes 科罗纳山脉
Crocea 番红
Cyane Sulci 库阿涅沟脊地
Cyclopia 库克罗匹亚
Cydnus 居奴士
Cydnus Rupes 居奴士峭壁
Cydonia 基多尼亚

Daedalia Planum 代达利亚高原

Dao Vallis 达奥峡谷

Darwin 达尔文

Dawes 道斯

Dejnev 杰日尼奥夫

Deltoton Sinus 三角湾

Denning 丹宁

Depressio Erythraea 厄立特里亚低地

Depressiones Aoniae 阿俄尼亚低地群

Depressiones Hellesponticae 赫勒滂低地群

Depressio Pontica 滂蒂卡低地

Deucalionis Regio 丢卡利翁区

Deuteronilus 亚尼罗

Deuteronilus Mensae 亚尼罗桌山群

de Vaucouleurs 德沃古勒

Dia 迪亚

Diacria 迪阿克里亚

Dioscuria 狄俄斯枯里亚

Echus Fossae 厄科堑沟群

Echus Montes 厄科山脉

Eden 伊甸园

Edom 埃多姆

Elath 以拉他

Electris 厄勒克特里斯

Elysium 埃律西昂

Elysium Chasma 埃律西昂深谷

Elysium Mons 埃律西昂山

Elysium Planitia 埃律西昂平原

E. Mareotis Tholus 东玛莱奥提斯山丘

Eos 厄俄斯

Eos Chaos 厄俄斯混杂地

Eos Mensa 厄俄斯桌山

Erebus Montes 厄瑞玻斯山脉

Eridania 艾利达尼亚

Eridania Scopulus 艾利达尼亚断崖

Erythraeum Mare 厄立特里亚海

Eumenides Dorsum 欧墨尼得斯山脊

Euripus Mons 埃夫利波斯山

Euxinus Lacus 埃乌克谢诺斯湖

Felis Dorsa 费利斯山脊群

Flammarion 弗拉马里翁

Flaugergues 弗洛热尔格

Foelix Lacus 费利克斯湖

Fusca Depressio 福斯卡低地

Galaxius Mons 盖勒克西乌斯山

Gale 盖尔

Galilaei 伽利略

Galle 伽勒

Ganges 恒河

Ganges Chasma 恒河深谷

Geryon Montes 革律翁山脉

Gigas Sulci 吉加斯沟脊地

Gonnus Mons 冈努斯山

Gordii Dorsum 戈尔迪山脊

Graff 格拉夫

Granicus Valles 格拉尼卡斯峡谷群

Green 格林

Grjota Vallis 格廖特峡谷

Gusev 古谢夫

Hadriacus Mons 亚得里亚山

Hale 海尔

Harmakhis Vallis 哈马基斯峡谷

Hebes Chasma 赫柏斯深谷

Hebrus Valles 赫布罗斯峡谷群

Hecates Lacus 赫卡忒湖

Hecates Tholus 赫卡忒山丘

Hellas 希腊

Hellas Chaos 希腊混杂地

Hellas Montes 希腊山脉

Hellas Planitia 希腊平原

Hellespontus 赫勒斯滂

Hellespontus Montes 赫勒斯滂山脉

Henry 亨利

Hephaestus 赫菲斯托斯

Hephaestus Fossae 赫菲斯托斯堑沟群

Hephaestus Rupes 赫菲斯托斯峭壁

Herschel 赫歇尔

Hesperia 赫斯珀里亚

Hesperia Planum 赫斯珀里亚高原

Hibes Montes 希贝斯山脉

Holden 霍尔登

Hooke 胡克

Horarum Mons 霍莉山

Hrad Vallis 赫拉德峡谷

Huygens 惠更斯

Hyblaeus 希布莱乌斯

Hyblaeus Dorsa 希布莱乌斯山脊群

Hydaspis Chaos 海达斯皮斯混杂地

Hydraotes Chaos 海德拉奥提斯混杂地

Hypanis Valles 叙帕尼司峡谷群

Iamuna Dorsa 亚穆纳山脊群

Iani Chaos 亚尼混杂地

Iapygia 雅庇吉亚

Iaxartes 雅克萨特

Isidis 伊希斯

Isidis Dorsa 伊希斯山脊群

Isidis Planitia 伊希斯平原

Isidis Regio 伊希斯区

Ismeniae Fossae 伊斯墨纽斯堑沟群

Ismenius Lacus 伊斯墨纽斯湖

Issedon Tholus 伊塞顿山丘

Ius Chasma 尤斯深谷

Janssen 让桑

Jovis Tholus 朱维斯山丘

Juventae Chasma 青春深谷

Juventae Dorsa 青春山脊群

Juventae Fons 青春泉

Kaiser 凯泽

Karzok 克尔佐克

Kasei Valles 卡塞峡谷群

Kepler 开普勒

Kison 基森

Koval'sky 科瓦利斯基

Kufra 库夫拉

Kunowsky 库诺夫斯基

Labeatis Mons 拉贝亚提斯山

Ledae Pons 勒达桥

Libya 利比亚

Libya Montes 利比亚山脉

Lobo Vallis 洛博峡谷

Lohse 洛泽

Lomonosov 罗蒙诺索夫

Lota 洛塔

Louros Valles 卢罗斯峡谷群

Lowell 洛厄尔

Lunae Lacus 卢娜湖

Lunae Mensa 卢娜桌山

Lunae Planum 卢娜高原

Lux 勒克斯

Lycus Sulci 吕科斯沟脊地

Lyot 李奥

Ma'adim Vallis 马阿迪姆峡谷

Maeotis Palus 麦奥提斯沼泽

Maja Valles 墨戈峡谷群

Malea Planum 马莱阿高原

Malea Promontorium 马莱阿海岬

Mamers Valles 马墨耳斯峡谷群

Mangala Fossa 曼加拉堑沟

Mangala Valles 曼加拉峡谷群

Mare Hadriacum 亚得里亚海

Mare Ionium 锾海

Mareotis Fossae 玛莱奥提斯堑沟群

Mare Sirenum 塞壬海

Mare Tyrrhenum 第勒尼安海

Margaritifer Chaos 珍珠混杂地

Margaritifer Sinus 珍珠湾

Margaritifer Terra 珍珠台地

Mariner 水手号

Marte Vallis 马尔特峡谷

Masursky 马苏尔斯基

Maumee Valles 莫米峡谷群

Mawrth Vallis 茅尔斯峡谷

Melas Chasma 梅拉斯深谷

Melas Dorsa 梅拉斯山脊群

Melas Lacus 梅拉斯湖

Memnonia 门农尼亚

Meridiani Planum 子午高原

Meridiani Sinus 子午湾

Meroe Patera 麦罗埃山口

Mie 米氏

Milankovic 米兰科维奇

Miyamoto 宫本

Moab 摩押

Moeris Lacus 摩里斯湖

Molesworth 莫尔斯沃思

Moreux 莫勒

Morpheos Lacus 摩耳甫斯湖

Mountains of Mitchel 米切尔山

Mutch 马奇

Nanedi Valles 纳内迪峡谷群

Nectar 内克塔

Nectaris Fossae 内克塔堑沟群

Neith Regio 涅伊特区

Nereidum Fretum 涅瑞伊德海峡

Nereidum Montes 涅瑞伊德山脉

Newcomb 纽康

Newton 牛顿

Nier 尼尔

Niger Vallis 尼尔峡谷

Niliacus Lacus 尼罗湖

Nili Fossae 尼罗堑沟群

Nili Patera 尼罗山口

Nili Sinus 尼罗湾

Nilokeras 尼罗角

Nilokeras Fossae 尼罗角堑沟群

Nilosyrtis 尼罗瑟提斯

Nilosyrtis Mensae 尼罗瑟提斯桌山群

Nirgal Vallis 尼尔加尔峡谷

Nix Cydonea 塞多尼亚雪顶

Nix Olympica 奥林匹克雪顶

Nix Tanaica 塔纳伊卡雪顶

N. Mareotis Tholus 北玛莱奥提斯山丘

Noachis 诺亚

Noachis Terra 诺亚台地

Noctis Fossae 诺克提斯堑沟群

Noctis Labyrinthus 诺克提斯沟网

Nodus Gordii 戈尔迪结

Oceanidum Mare 俄刻阿尼得海

Oceanidum Mons 俄刻阿尼得山

Oenotria 欧伊诺特里亚

Oenotria Scopulus 欧伊诺特里亚断崖

Ogygis Regio 俄古革斯区

Olympica Fossae 奥林波堑沟群

Olympus Mons 奥林匹斯山

Ophir Catenae 俄斐坑链群

Ophir Chasma 俄斐深谷
Ophir Planum 俄斐高原
Oraibi 奥赖比
Orcus 俄耳枯斯
Orcus Patera 俄耳枯斯山口
Orson Welles 奥森·韦尔斯
Ortygia 俄耳梯癸亚
Oti Fossae 奥蒂堑沟群
Oxia 奥克夏
Oxia Colles 奥克夏小丘群

Palacopus Valles 帕兰科帕峡谷
Palinuri Fretum 帕利努罗海峡
Panchaia 潘凯亚
Panchaia Rupes 潘凯亚峭壁
Pandorae Fretum 潘多拉海峡
Pangboche 彭格博切陨击坑
Pavonis Chasma 孔雀深谷
Pavonis Fossae 孔雀堑沟群
Pavonis Lacus 孔雀湖
Pavonis Mons 孔雀山
Pavonis Sulci 孔雀沟脊地
Peraea Mons 比利亚山
Phaethontis 法厄同
Phillips 菲利普斯
Phlegethon Catena 佛勒革同坑链
Phlegra 佛勒革
Phlegra Montes 佛勒革山脉
Phoenicis Lacus 凤凰湖
Pindus Mons 品都斯山
Pollack 波拉克
Poynting 坡印廷
Proctor 普罗克特
Promethei Planum 普罗米修斯高原
Promethei Rupes 普罗米修斯峭壁
Promethei Sinus 普罗米修斯湾

Promethei Terra 普罗米修斯台地
Propontis 普洛彭提斯
Protonilus 初尼罗
Protonilus Mensae 初尼罗桌山群
Ptolemaeus 托勒玫
Pyrrhae Regio 皮拉区

Ravi Vallis 拉维峡谷
Rima Tenuis 特纽依斯沟纹
Rongxar 绒辖

Sabaea Terra 示巴台地
Sacra Dorsa 萨克拉山脊群
Sacra Mensa 萨克拉桌山
Sagan 萨根
Savich 萨维奇
Scamander 斯卡曼得耳
Scandia 斯堪的亚
Scandia Tholi 斯堪的亚山丘群
Schaeberle 舍贝勒
Schiaparelli 斯基亚帕雷利
Schmidt 施密特
Schöner 舍纳
Schroeter 施洛特
Scylla Scopulus 斯库拉断崖
Secchi 塞奇
"Seven Sisters" (caves) "七姐妹"（洞穴）
Shalbatana Vallis 沙尔巴塔纳峡谷
Sharonov 沙罗诺夫
Sigeus Portus 西格乌斯海湾
Silinka Vallis 锡林卡峡谷
Siloe Fons 西洛厄泉
Simois 西摩伊斯
Simud Valles 西穆德峡谷群
Sinai Planum 西奈高原
Sinus Sabaeus 示巴湾

Sirenum Fossae 塞壬堑沟群

Sirenum Terra 塞壬台地

Sisyphi Montes 西绪福斯山脉

Sisyphi Tholus 西绪福斯山丘

Sithonius Lacus 锡索尼亚湖

Solis Dorsa 索利斯山脊群

Solis Lacus 索利斯湖

Solis Planum 索利斯高原

Stoney 斯托尼

Stygis Catena 斯堤克斯坑链

Stygis Fossae 斯堤克斯堑沟群

Stymphalius Lacus 斯廷法利斯湖

Styx 斯堤克斯

Sulci Gordii 戈尔迪沟脊地

Surius Vallis 苏里尤斯峡谷

Syria Mons 叙利亚山

Syria Planum 叙利亚高原

Syrtis Major 大瑟提斯

Syrtis Major Planum 大瑟提斯高原

Syrtis Minor 小瑟提斯

Tanaica Montes 塔娜伊卡山脉

Tanais 塔纳伊斯

Tantalus Fossae 坦塔罗斯堑沟群

Tartarus Montes 塔耳塔罗斯山脉

Tempe 滕比

Tempe Fossae 滕比堑沟群

Tempe Terra 滕比台地

Terby 特尔比

Tharsis 塔尔西斯

Tharsis Montes 塔尔西斯山脉

Tharsis Tholus 塔尔西斯山丘

Thaumasia 陶玛西亚

Thaumasia Fossae 陶玛西亚堑沟群

Thaumasia Planum 陶玛西亚高原

Thoth-Nepenthes 透特－内彭西斯

Thyles Rupes 塞勒峭壁

Thymiamata 蒂米亚马塔

Tikhonravov 吉洪拉沃夫

Tinjar Valles 廷扎峡谷群

Tithoniae Catenae 提托诺斯坑链群

Tithonium Chasma 提托诺斯深谷

Tithonius Lacus 提托诺斯湖

Tiu Valles 蒂乌峡谷群

Tractus Catena 特拉克图斯坑链

Tractus Fossae 特拉克图斯堑沟群

Trivium Charontis 卡戎岔口

Trouvelot 特鲁夫洛

Tyrrhena Terra 第勒纳台地

Tyrrhenus Mons 第勒纳山

Ulysses Fossae 尤利西斯堑沟群

Ulysses Patera 尤利西斯山口

Ulysses Tholus 尤利西斯山丘

Ulyxis Fretum 尤利克西斯海峡

Ulyxis Rupes 尤利克西斯峭壁

Umbra 温布拉

Uranius Mons 乌拉纽斯山

Uranius Tholus 乌拉纽斯丘

Utopia 乌托邦

Utopia Planitia 乌托邦平原

Utopia Rupes 乌托邦峭壁

Uzboi Vallis 乌兹博峡谷

Valles Marineris 水手号峡谷群

Vastitas Borealis 北方荒原

Vedra Valles 韦德拉峡谷群

Vinogradov 维诺格拉多夫

Vivero 比韦罗

Vulcani Pelagus 伏尔甘海

Wabash 沃巴什

Wahoo 瓦胡

Wallace 华莱士

Wien 维恩

W. Mareotis Tholus 西玛莱奥提斯山丘

Xanthe 克珊忒

Xanthe Montes 克珊忒山脉

Xanthe Scopulus 克珊忒断崖

Xanthe Terra 克珊忒台地

Yuty 尤蒂

Zephyria 仄费里亚

Zephyria Planum 仄费里亚高原

Zephyria Tholus 仄费里亚山丘

术语译名对照表

Aeolian erosion 风蚀

Aeolian processes 风成过程

Albedo 反照率

Albedo maps 反照率地图

Aluminium 铝

Anastomosing forms 交织形态

Ancient fossilized life (terrestrial) 古生物化石
（地球）

Antoniadi 安东尼亚第

Antoniadi's map 安东尼亚第地图

Antoniadi's nomenclature 安东尼亚第命名法

Aphelic oppositions 远日点冲

Apparent diameter 视直径

Apparitions 可见期

　-opposition details 可见期冲日细节

Arctic soil 北极土壤

Arcuate fracture valley 弧形裂谷

Argon 氩

Argyre-type basins 阿耳古瑞盆地

Association of Lunar and Planetary Observers
(ALPO) Mars Section 月球和行星观测者协会
火星分会

Asteroid belt 小行星带

Asteroids 小行星

Atmosphere (Earth) 大气层（地球）

　-air cells 大气层气胞

　-turbulence 大气层湍流

Atmosphere (Mars) 大气层（火星）

　-molecular weight 大气层分子重量

　-pressure 大气层压力

　-scale height 大气层标高

Avalanching 雪崩

Axial tilt 轴倾角

Barchan dunes 新月沙丘

Basalt 玄武岩

Basin, central massif 盆地，中央地块

Beach deposits 海滩沉积

Bedrock 基岩

Beer, W W. 贝尔

Binoculars 双筒望远镜

　-big binoculars 大型双筒望远镜

　-Field of view 双筒望远镜视野

　-ower and magnification 双筒望远镜功率
与倍率

　-Porro prism 双筒普罗棱镜望远镜

　-roof prism 双筒屋脊棱镜望远镜

Biogenic sediment 生物沉淀

Blue clearing 蓝洁化

Borealis basin 北极盆地

Brightness (magnitude) 亮度（星等）

Brine 海水

British Astronomical Association (BAA) 英国
天文学协会 (BAA)

　-Handbook《英国天文学协会手册》

　-Mars section 英国天文学协会火星分会

Buttes 孤丘

Calcium 钙

Caldera 火山喷口

Callisto (Jovian moon) 木卫四（木星卫星）

Canali 渠

Canals 运河

Carbon 碳

Carbonate oozes 碳酸盐软泥

Carbonate outcrops 碳酸盐露头

Carbonates 碳酸盐

Carbon dioxide 二氧化碳

Carbon dioxide ice (dry ice) 二氧化碳冰（干冰）

Carbon dioxide jets (geysers) 二氧化碳喷射
（间歇泉）

Cassini 卡西尼

Caves 洞穴

CCD imaging CCD 成像

Central Meridian transit timings change of Martian longitude in intervals of mean time 平均时间间隔内中央子午线经过时间火星经度变化

Central pits 中央坑

Chain craters 坑链

Chalk (terrestrial) 白垩（地球）

Chaotic terrain 混杂地形

Chasma Boreale 北极深谷

Chlorine 氯

Chromium 铬

Clay minerals 黏土矿物

Climate 气候

Climate change 气候变化

Cloud features 云特征

Clouds 云

  -cyclone 龙卷风

  -dust spiral (Arsia Mons) 尘卷风（阿尔西亚山）

  -fog 雾

  -lee waves 背风波

  -orographic 地形云

  -plumes 羽状云

  -streaky 条状云

  -streets 街状云

  -wave 波状云

Coal Oil Point (California) 煤油点（加利福尼亚）

Comets 彗星

  -Jupiter Family 木星族

  -79P/du Toit-Hartley 79P/ 杜托伊特 – 哈特雷彗星

  -1P/Halley 1P/ 哈雷彗星

  -13P/Olbers 13P/ 奥伯斯彗星

  -114P/Wiseman-Skiff 114P/ 怀斯曼 – 斯基夫彗星

Concentric fault valleys 同心断层峡谷

Co-ordinates on Mars 火星坐标

  -planetocentric 行星中心

  -planetographic 行星面

  -prime meridian 本初子午线

  -zero longitude 0 度经度

Core 核心

Coriolis force 科里奥利力

Cosmic rays 宇宙线

Crater density count 撞击坑密度计数

Crater density timescale 撞击坑密度时间量程

Craters 撞击坑

  -depth to diameter ratio 撞击坑深度 – 直径比

  -elevated rings 撞击坑抬升环

Crust 地壳

Crustal tension 地壳张力

Cryosphere 冰冻圈

Cryptic terrain 神秘地形

Dark fans 扇状暗区

Dark streaks 暗条

Data (about Mars) 数据（火星）

Deltas 三角洲

Dendritic valley network 枝形谷地网络

Dry ice (frozen carbon dioxide) 干冰（冰冻二氧化碳）

Dry salt lake beds 干盐湖床

Dune 沙丘

Dunefield 沙丘区

Dust 灰尘

-dust devils 尘卷风

-dust storms 沙尘暴

-dust suspension 尘埃悬浮

-perihelic dust storms 近日点沙尘暴

Dykes 堤坝

Effusive eruptions 喷发

Ejecta 喷出物

-"butter" flypattern "蝴蝶"图案

-collar 领状喷出物

-hummocky 圆丘

-lobate debris apron 裂叶状碎片围边

-multilayered 多层喷出物

-plume 羽流

Elliptical craters 椭圆撞击坑

Erosional unconformities 不一致侵蚀

Eskers 蛇形丘

Explosive eruptions 爆炸性喷发

Eyesight 视野

-blind spot 视野盲点

-floaters 飞蚊症

Face of Mars 火星之脸

Feature types 特征种类

Filter work 滤光镜

-filter wheel 滤光镜转轮

-wratten filters 拉藤滤光镜

Finderscope 寻星镜

Floodwaters 洪水

Fluvial processes 河流进程

Formation of Mars 火星的行成

Gamma rays 伽马射线

Ganymede (Jovian moon) 木卫三（木星卫星）

Gazetteer of planetary nomenclature 行星命名索引

Geysers 间歇泉

"Ghost" craters "假"撞击坑

Glacial activity 冰川活动

Glaciers (Mars) 冰川（火星）

Grabens 地堑

Greenhouse gas 温室气体

Greenwich Mean Time (GMT) 格林尼治标准时间（GMT）

Grego, J. J. 格雷戈

Grego, P. P. 格雷戈

Gullies 山壑

Haematite 赤铁矿

Hall, A. A. 霍尔

Hawaiian chain (terrestrial) 夏威夷山链（地球）

Haze 雾霾

Hellas basin 希腊盆地

Herschel, W. W. 赫歇尔

High Resolution Imaging Science Experiment (HiRISE) aboard MRO 高分辨率成像科学实验 (HiRISE) 运营维护

Historical Periods on Mars 火星历史纪

-Amazonian Period 亚马孙纪

-Hesperian Period 赫斯珀里亚纪

-Noachian Period 诺亚纪

-Pre-Noachian Period 前诺亚纪

History of Mars 火星的历史

Hubble Space Telescope 哈勃太空望远镜

Huygens, C. C. 惠更斯

Hydrates 水合物

Hydrogen 氢气

Hydrothermal alteration 热液变质

Mesas 方山

Metamorphic activity 变质活动

Meteorite (Martian) 陨石（火星）

  -carbonaceous chondrite 碳质球粒陨石

  -chassignites 纯橄无球粒陨石

  -chassigny meteorite 纯橄陨石

  -El-Nakhla meteorite 那赫拉陨石

  -igneous mafic 镁铁质火成岩

  -isotopic composition 同位素组成

  -nakhlites 透辉橄无球粒陨石

  -nanobacterial fossils 纳米细菌化石

  -shergottites 雪戈特岩

  -shergottites, nakhlites，chassignites
    (SNC) 辉熔长石无球粒陨石，透辉橄
    无球粒陨石，纯橄无球粒陨石

  -stony (achondritic) 石质（软粒陨石）

Meteorite (on Mars) 陨石（火星）

  -Allan Hills 阿伦山

  -Block Island 布洛克岛

  -Heat Shield Rock (Meridiani Planum
    meteorite) 热盾岩（子午平原陨石）

  -nickel-iron meteorite 镍 – 铁陨石

  -Oileán Ruaidh 红岛陨石

  -stony meteorite 石质陨石

  -Zhong Shan 中山

Meteoroid 流星体

Meteors 流星

  -annual showers on Earth 地球年度流星雨

  -Geminids 双子座流星

  -Leonids 狮子座流星

  -Lyrids 天琴座流星

  -Perseids 英仙座流星

  -annual showers on Mars 火星上年度流星雨

  -ionization, plasma 电离，等离子体

  -radio observations 无线电观测流星

Methane 甲烷

Microbes (Martian) 微生物（火星）

Moon (Earth's satellite) 月球（地球的卫星）

Moon (lava plains) 月球（熔岩平原）

Moons (of Mars) 卫星（火星）

  -Deimos, regolith 火卫二，风化层

  -orbits 卫星轨道

  -size, Phobos 大小，火卫一

  -parallel grooves, crater chains 平行沟，撞
    击坑链

  -regolith 卫星风化层

  -stickney 斯蒂克尼

  -tidal forces 潮汐力

"Mudsplash" ejecta "泥浆喷溅"喷射物

Mud volcano 泥浆火山

Multi-ring basins 多环形盆地

Multiyear Interactive Computer Almanac (MICA)
  《多年交互式计算机统计年鉴》(MICA)

National Aeronautics and Space Administration
  (NASA) 美国国家航空航天局（NASA）

North circumpolar region 北极圈地区

North polar cap 北极冠

North polar residual ice cap 北极残余冰盖

Oblique impacts 斜撞击

Observational drawing 观察性绘图

Oceanic crust (terrestrial) 海洋地壳（地球）

Oceanus Borealis (hypothetical) 北极海
  （假设）

Opaline silica 乳白色硅石

Opportunity (NASA rover) "机遇号"（NASA
  漫游车）

Opposition cycle 冲日周期

Oppositions 冲日

Orbit and rotation 轨道和自转

  -aphelion 远日点

  -average distance from Sun 距太阳的平均
    距离

-axial tilt 轴倾角

-axial "wobble" 轴"摇摆"

-eccentricity 偏心率

-inclination to ecliptic 对黄道倾角

-Martian day (Sol) 火星日（太阳）

-Martian pole star 火星极星

-Martian year 火星年

-obliquity 倾斜度

-perihelion 近日点

-synodic period 同步期

Orientale basin (Moon) 东方盆地（月球）

Outflow channels 外流通道

-Argyre region 阿耳古瑞区

-Circum-Chryse region 环克律塞区

-Hellas region 希腊地区

-Polar regions 极地地区

-Tharsis region 塔尔西斯地区

-Utopia Planitia 乌托邦平原

Oxygen 氧气

"Pancake" ejecta "煎饼"状喷射物

Paper tear-like streaks 纸撕裂状条纹

Paterae 山口群

PDA (handheld computer) PDA（手持式电脑）

"Pedestal" craters "基座"撞击坑

Pencil sketching 铅笔写生

Perihelic oppositions 近日点冲日

pH (acidity) pH 值（酸碱度）

Physical characteristics 物理特征

-density 密度

-diameter 直径

-equatorial bulge 赤道隆起

-gravity 重力

-hemispherical differences 半球差异

-mass 质量

-surface area 表面积

-volume 体积

Pilbara outcrops (Australia) 皮尔巴拉露头
（澳大利亚）

Playa evaporates 干荒盆地蒸发

Plinian-type eruptions 普林尼式喷发

Polar hood 极地罩

Polar ice caps 极地冰冠

Polar laminated terrain (PLT) 极地层状地形

Potassium 钾

Prevailing winds 盛行风

Protoplanets 原行星

Radiometric dating, radioactive isotopes 放
射性测年，放射性同位素

Rainwater 雨水

Rampart ejecta 壁垒喷射物

Red hue (of Mars) （火星）红晕

Regolith 风化层

Relative timescale 相对时标

Residual north polar cap 残余北极冠

Resurfacing 重新露面

Retrograde motion 逆行运动

Rift valleys 裂谷

Rima Tenuis 特纽依斯沟纹

Ringed basins 环形盆地

Ringed impact features 环形撞击特征

"Ring of Fire" (terrestrial) "火之环"（地球）

River valley 河谷

Rock deposition 岩石沉积

Saltation 盐化

Salt water (brine) 咸水（卤水）

Sand 沙子

Sand abrasion 沙子磨蚀

Sandblasting 喷砂

Saturn 土星

Scarp 斜面

Schiaparelli, G. G. 斯基亚帕雷利

测器（双筒望远镜）

-chromacorr 铬酸钾

-coloured (Wratten) filter 彩色（拉藤）滤
光镜

-electric focuser 电动聚焦器

-erfle type 电聚焦器类型

-eye relief 适瞳距

-filter wheel 滤光镜轮

-huygenian 惠更斯

-Kellner 凯尔纳

-minus-violet filter 负紫外光滤光镜

-mirror diagonal 转向镜

-monocentric 单中心的

-orthoscopic 正相对镜

-plössl 普罗素

-prism diagonal 棱镜对角

-Ramsden 冉斯登

-spectacle wearers 眼镜佩戴者

-star diagona 星对角

-zoom 变焦

-false colour (chromatic aberration) 伪色
（色差）

-focal length 焦距

-maintenance 维护

-mounts 支架

-altazimuth 仰角仪

-Dobsonian 多布森反射望远镜

-equatorial 赤道仪

-optical quality 光学质量

-reflectors 反射望远镜

-Cassegrain 卡塞格林望远镜

-Newtonian 牛顿望远镜

-refractors 折射镜

-achromatic 消色差

-apochromatic (APO) 远色差

-Galilean 伽利略望远镜

-Naval 海军型望远镜

-resolution 望远镜分辨率

Temperature 温度

-average 平均温度

-seasonal variation 温度季节性变化

Terminal basins 终端盆地

Terrain, types of 地形类型

Tharsis uplift formation 塔尔西斯隆起形成

The Moon and How to Observe It《观测
月球》

The War of the Worlds《世界之战》

Tholeiitic basalt 拉斑玄武岩

Titanium 钛

Topographic survey of Mars 火星的地形测量

Total Recall《全面回忆》

Transverse aeolian ridges (TARs) 横向风
成脊

Transverse dunes 横向沙丘

Troughs 低谷

Universal Time (UT) 世界时

Uplifting 上升

USGS Astrogeology Research Program 美国
地质勘探局天体地质学研究项目

Utopia basin 乌托邦盆地

Valley networks 山谷网络

Venus 金星

Viking 1 (NASA lander) "海盗 1 号"（美国国
家航空航天局登陆器）

Viking 2 (NASA lander) "海盗 2 号"（美国国
家航空航天局登陆器）

Viking orbiter (NASA probe) 海盗轨道器（美
国国家航空航天局探测器）

Visual observation 视觉观察

Volatiles 火山物质

Volcanic 火山

-ash 火山灰

图书在版编目（CIP）数据

观测火星 / （英）彼得·格雷戈著；孟雨慧译.
上海：上海三联书店，2025.7. —— （仰望星空）.
ISBN 978-7-5426-8930-6

I.P185.3

中国国家版本馆 CIP 数据核字第 2025JY7019 号

观测火星

著　　者 / 〔英国〕彼得·格雷戈		

著　　者 / 〔英国〕彼得·格雷戈
译　　者 / 孟雨慧
责任编辑 / 王　建　樊　钰
特约编辑 / 吴月婵　汤　成　苑浩泰
装帧设计 / 字里行间设计工作室
监　　制 / 姚　军
出版发行 / 上海三联书店
　　　　　（200041）中国上海市静安区威海路755号30楼
联系电话 / 编辑部：021-22895517
　　　　　发行部：021-22895559
印　　刷 / 三河市中晟雅豪印务有限公司
版　　次 / 2025 年 7 月第 1 版
印　　次 / 2025 年 7 月第 1 次印刷
开　　本 / 960×640　1/16
字　　数 / 120千字
印　　张 / 20

ISBN 978-7-5426-8930-6 / P·23

定　价：62.00元

著作权合同登记号　图字：10-2022-207 号